CATALOGUE
DES MAMMIFÈRES

ET

DES OISEAUX

OBSERVÉS EN ALGERIE

EXPLORATION SCIENTIFIQUE DE L'ALGÉRIE, publiée par ordre du Gouvernement, avec le concours d'une commission académique.

ZOOLOGIE, MAMMALOGIE, ORNITHOLOGIE, par M. Loche.

ERPÉTOLOGIE, ICHTHYOLOGIE, par M. Guichenot.

ANIMAUX ARTICULÉS, par M. Lucas.

En vente, livraisons 1 à 33.

Prix de chaque livraison. 16 fr.

On vend séparément :

HISTOIRE NATURELLE DES ANIMAUX ARTICULES, par M. Lucas, membre de la commission scientifique de l'Algérie. 3 vol. in-4°, papier jésus vélin, et atlas. 440 fr.

L'atlas de cet ouvrage se compose de 122 planches dessinées par M. Vaillant, peintre de la commission scientifique de l'Algérie, gravées, tirées en couleur et retouchées au pinceau

HISTOIRE NATURELLE DES REPTILES ET POISSONS, par M. Guichenot, membre de la commission scientifique de l'Algérie. 1 vol. in-4°, papier jésus vélin, et atlas 50 fr.

L'atlas de cet ouvrage se compose de 12 planches dessinées par M. Vaillant, peintre de la commission scientifique de l'Algérie, gravées, tirées en couleur et retouchées au pinceau

Sous presse.

MAMMALOGIE et **ORNITHOLOGIE,** par M. Loche.

CATALOGUE

DES MAMMIFÈRES

ET

DES OISEAUX

OBSERVÉS EN ALGÉRIE

PAR LE CAPITAINE LOCHE

(du 45ᵉ de ligne)

Chevalier de la Légion d'honneur,
Membre correspondant du Muséum d'histoire naturelle de Paris, de plusieurs sociétés savantes,

ET CONSERVATEUR DE L'EXPOSITION PERMANENTE

DES PRODUITS DE L'ALGÉRIE

RÉDIGÉ D'APRÈS LA CLASSIFICATION

DE S. A. LE PRINCE CHARLES-LUCIEN BONAPARTE

PARIS

LIBRAIRIE D'ARTHUS BERTRAND

RUE HAUTEFEUILLE, 21

INTRODUCTION.

Le goût des sciences naturelles est aujourd'hui universellement répandu; chaque localité pourvue de galeries zoologiques voit la foule s'y presser, et, non moins que les naturalistes et les savants, les simples curieux en sont les visiteurs assidus.

C'est que cette infinie diversité des êtres, auxquels la Providence a assigné un rôle dans les harmonies générales de l'univers, parle à l'âme de tous les hommes, l'élève vers le Créateur, et fait naître cette envie d'apprendre qui caractérise notre époque et conduira peut-être à soulever le voile qui nous cache encore tant d'importantes vérités.

Malheureusement beaucoup de personnes sont arrêtées, dès les premiers pas qu'elles essayent de faire dans cette intéressante étude, par le défaut de moyens d'instruction et de termes de comparaison.

Le prix élevé des livres ayant des planches coloriées les rend peu accessibles, et les galeries zoologiques manquent à la plupart des localités.

Sans ces ressources, la détermination des sujets par les seuls procédés zoologiques exige un long apprentissage et n'est pas exempte de difficultés, même pour ceux qui ont à leur disposition de nombreux ouvrages spéciaux.

Nous avons fait, depuis notre enfance, de l'histoire naturelle notre science de prédilection, et, comme nous avons souvent été entravé par ces obstacles, nous comprenons toute la vocation et la persévérance dont il faut être doué pour ne pas s'en laisser rebuter.

Ces inconvénients sont plus frappants et plus vivement sentis en Algérie qu'ailleurs, par la difficulté d'y traîner avec soi les livres et les éléments de confrontation indispensables à quiconque veut étudier la faune ou la flore de ce pays dépourvu d'établissements scientifiques.

Et pourtant l'histoire naturelle a une importance énorme; elle conduit, par l'observation intelligente, à la connaissance de l'homme, des animaux, du monde entier, mieux qu'une dissertation théologique; elle démontre la puissance du Dieu qui a tout créé, et c'est par elle qu'on est le plus certain d'arriver à la découverte des vérités qui sont du ressort de l'esprit humain. Ne doit-on donc pas avoir à cœur de l'encourager, de la diriger en lui offrant aide et hommage?

Parler aux yeux est toujours le moyen le plus certain d'arriver à l'esprit; en rendant l'étude facile et attrayante on attire à elle, et c'est en lui donnant une bonne direction qu'on préserve la jeunesse de fâcheux écarts.

Cette multitude d'êtres différents que la nature a libéralement répartis sur la surface de notre globe, et dont les analogies, les aptitudes et jusqu'aux dissemblances frappent si vivement l'esprit qu'elles le poussent vers l'investigation des causes, serait à coup sûr un sublime enseignement qui, en échauffant le cœur, imprimerait à l'imagination un noble essor et pourrait conduire à l'intelligence des lois suprêmes.

Persuadé, par ces considérations qu'un assez long séjour en Afrique nous avait rendues plus palpables, des incontestables services que la science, la jeunesse studieuse, les savants et les voyageurs retireraient de la création à Alger d'un jardin zoologique et d'un muséum d'histoire naturelle ayant pour annexe une bibliothèque spéciale, nous en proposâmes, il y a trois ans, la fondation à M. le gouverneur général.

Pour contribuer autant qu'il était en nous à la prompte édification de ces précieux monuments, nous n'offrîmes pas seulement nos services; mais étant parvenu, par un travail opiniâtre pendant plus de trente années et au prix d'immenses sacrifices, à réunir des collections considérables, nous offrîmes de les donner à ces établissements, qui, au moyen de ces importants matériaux, auraient pu être presque immédiatement inaugurés.

Nous n'avons point été informé des motifs qui ont pu, malgré la haute approbation de M. le gouverneur général et les éloges par lui publiquement exprimés sur ce qu'il appelait notre généreux désintéressement, et l'importance et la beauté de nos collections, empêcher nos offres d'être acceptées ; mais, n'ayant été déterminé à cette libéralité que par un sincère désir d'être utile, nous n'avons nullement été froissé qu'elle ne fût pas agréée, et nous avons attendu des circonstances plus favorables pour prouver à l'Algérie, à ce pays de nos prédilections, notre dévouement à ses intérêts. Il y a un peu plus d'un an, Son Excellence M. le maréchal gouverneur général de l'Algérie, qui a créé à Alger une exposition permanente des produits de ce pays, nous attacha à cet établissement, qui, sous la direction aussi habile qu'éclairée de M. le colonel de Neveu, a réalisé des progrès non moins importants que rapides.

Les productions zoologiques seules continuaient à lui faire défaut par des motifs faciles à comprendre : les unes exigent de patientes et minutieuses recherches, les autres des préparations manuelles délicates et que peu de personnes savent exécuter.

Heureux de pouvoir combler en partie cette lacune, nous nous sommes empressé de doter l'Exposition de toutes les espèces du règne animal que nous avions pu jusqu'ici colliger en Algérie, et de nous mettre à la recherche des autres.

La tâche que nous accomplissons, moins étendue que celle que nous voulions entreprendre, n'en a pas moins une incontestable utilité : réunir, classer et déterminer toutes les productions qui constituent la richesse zoologique de l'Algérie, et mettre ainsi tous ceux qui s'intéressent aux sciences naturelles et à l'avenir de ce beau pays à même d'embrasser d'un regard synthétique l'ensemble et les détails de sa faune, nous a semblé une mission non moins patriotique que scientifiquement utile, et nous l'avons embrassée avec ardeur.

Nous ne nous sommes point dissimulé que, pour réunir toutes les productions naturelles d'un si vaste pays, le concours de tous ceux qui regardent la nature animée d'un œil affectueux et intelligent pouvait nous être d'un grand secours ; mais, nous étant dit aussi que, pour l'invoquer avec chance de succès, il fallait qu'un commencement d'exécution vint prouver plus éloquemment que notre faible voix ne le saurait faire le but que nous nous proposions d'atteindre, nous nous sommes mis à l'œuvre avec courage, menant de front les travaux d'installation, les préparations taxidermiques, les explorations qui pouvaient nous faire espérer l'augmentation de nos collections, et la recherche des documents qui nous manquent encore pour pouvoir donner à la publication d'un ouvrage sur la

Mammalogie et l'Ornithologie de l'Algérie, dont la rédaction nous
est confiée, l'étendue et l'exactitude que l'état actuel de la science
exige. Chacun sera à même, en visitant l'exposition permanente,
de juger si les résultats que nous avons réalisés dans un si court
espace de temps sont satisfaisants et peuvent inspirer bon espoir
pour l'avenir.

Une pénible exploration que nous avons récemment accomplie
dans le Sahara nous y a fait découvrir des espèces nouvelles pour
la science, d'autres non encore signalées comme algériennes; nous
les avons adressées à M. le maréchal Vaillant, ministre de la guerre,
qui s'est empressé de les communiquer à l'Académie des Sciences,
dont il est membre. Cette nouvelle preuve du bienveillant intérêt
que cet illustre et savant ministre ne dédaigne pas de nous témoigner, et le flatteur accueil qu'il a bien voulu nous faire, nous im-
posent la douce obligation de redoubler de zèle et d'efforts pour
justifier une confiance qui nous honore autant qu'elle nous touche.

C'est encouragé par ces premiers succès que nous venons aujourd'hui, avec plus d'assurance, faire un appel à tous ceux qui
peuvent nous aider à accomplir la tâche qui nous est dévolue; nous
craindrions que nos efforts personnels ne fussent trop lents à la
mener à bien, si l'active collaboration que nous osons solliciter
nous était refusée.

Nos récentes explorations, en nous prouvant que la faune algé-
rienne était encore bien imparfaitement connue, nous ont démon-
tré que, pour en colliger tous les éléments, un long séjour dans
chaque localité serait non moins indispensable que des perqui-
sitions ardues et consciencieuses; et encore, que d'intéressantes
espèces échapperaient aux regards, que d'individus vainement
poursuivis par les zoologistes deviendraient la proie peu appréciée
de personnes qui en ignoreraient la valeur relative, et les laisse-
raient se perdre sans soupçonner le dommage qu'elles occasionne-
raient ainsi à la science!

Nous espérons donc que les chasseurs, les pêcheurs, les agricul-
teurs, aussi bien que les naturalistes, les fonctionnaires civils ou
militaires, les commandants des ports, des cercles, des bureaux
arabes, les membres du corps médical, les ingénieurs, les em-
ployés des forêts, les officiers de l'armée d'Afrique, aussi bien
que toutes les autres personnes dont nous venons indistinctement
solliciter le concours, voudront bien, en nous adressant les spéci-

mens qu'ils pourront recueillir, hâter l'achèvement d'une œuvre qui, en faisant mieux connaître les richesses de l'Algérie, contribuera infailliblement à la faire aimer davantage.

Tous les mammifères, oiseaux, œufs, reptiles, poissons, mollusques, insectes et zoophytes, aussi bien que les végétaux, les minéraux et les objets ouvrés donnés à l'Exposition, seront pourvus d'étiquettes reproductives des inscriptions des catalogues ; elles indiqueront donc scrupuleusement le nom du donateur, le nom et la provenance de chaque sujet ; l'honneur de la découverte sera par nous toujours attribué à son auteur, et c'est une règle dont nous ne nous départirons jamais.

Comme les classifications de Son Altesse le prince Charles-Lucien Bonaparte ont été appliquées au Muséum d'histoire naturelle de Paris, et que ses ouvrages sont actuellement dans les mains de toutes les personnes qui s'occupent un peu sérieusement d'histoire naturelle, nous avons cru faire une chose bonne et utile en suivant la méthode d'un aussi célèbre zoologiste.

L'intérêt aussi bienveillant qu'affectueux dont cet illustre savant nous honorait, les lumières et les encouragements que nous puisions dans ses conseils, nous feront à tout jamais regretter qu'une mort prématurée soit venue enlever à la science et à ses amis ce zélé et incomparable naturaliste.

Pour que les personnes non encore familières avec les nouvelles appellations génériques ou spéciales puissent immédiatement se rendre compte de leur relation avec celles auxquelles elles sont habituées, nous faisons suivre, autant que possible, les noms français et latins des sujets d'une courte synonymie. Le but d'utilité pratique que nous nous sommes imposé ne nous permettant pas de négliger un seul moyen de faciliter les recherches, nous avons ajouté aux noms scientifiques et vulgaires des espèces les noms arabes, écrits en caractères français et en caractères arabes ; de la sorte, les indigènes ou les personnes qui désireront s'en aider seront immédiatement renseignés. Nous ferons observer que les noms arabes sont en général plutôt génériques que spécifiques, et que la même dénomination est souvent appliquée par les indigènes à des espèces différentes dont les caractères distinctifs leur ont échappé.

La conservation des collections exige qu'elles soient déposées dans des armoires ; leur étude en est par cela même rendue par fois un peu difficile. C'est un désagrément inévitable : nous l'avions reconnu et déploré bien avant qu'il nous fût signalé, mais nous n'y connaissions point de remède.

De judicieux observateurs, auxquels nous serons toujours charmé de prouver notre déférence, nous ont conseillé, afin d'obvier autant que possible à cet inconvénient, de publier des catalogues reproductifs des indications dont les sujets sont porteurs : de la sorte, ceux placés trop haut pour que leurs étiquettes soient lues aisément ne seraient pas des énigmes pour les visiteurs, que le catalogue, facile à consulter, renseignerait toujours. Ce moyen nous semblant, en effet, le seul capable de remédier au mal, nous nous hâtons de l'employer, et nous publions pour commencer le catalogue des mammifères et celui des oiseaux.

Toutes les espèces que nous avons été à même d'observer en Algérie seront inscrites sur ces catalogues. Les noms des donateurs, l'indication de sexe et de provenance désigneront celles déjà installées à l'Exposition.

Nous ferons suivre chaque catalogue, mais seulement à titre de renseignement, d'une liste supplémentaire de quelques autres espèces qui nous ont été signalées comme se trouvant en Algérie, mais dont la présence en ce pays ne nous est pas assez prouvée pour que nous puissions l'affirmer. Nous nous sommes imposé la loi de ne pas indiquer une seule espèce sur la foi d'autrui ou sur des renseignements vagues : tous les animaux mentionnés sur les catalogues que nous publierons auront donc été vus et examinés par nous.

Nous ne terminerons pas ce trop long préambule sans offrir à Son Excellence M. le maréchal Vaillant, ministre de la guerre, à M. le maréchal Randon, gouverneur général de l'Algérie, à MM. les généraux Renault, Yusuf, de Chabaud-Latour, de Liniers de Tourville, et à M. le colonel de Neveu, un public témoignage de notre gratitude : la flatteuse approbation qu'ils ont bien voulu nous témoigner est la plus douce récompense de nos persévérants efforts.

Nous serions ingrat, et, Dieu merci, nous ne le sommes pas, si nous ne venions pas ici prier M. le commandant Marguerite de vouloir bien agréer un sincère témoignage de notre vive reconnaissance. Ayant été autorisé par M. le gouverneur général à nous joindre à la colonne qui, sous les ordres de cet officier supérieur, a, pendant l'expédition de 1857, parcouru le Sahara, nous avons dû à sa précieuse obligeance, à son excellent et effi-

cace concours, la majeure partie des résultats par nous obtenus ;
le souvenir de sa gracieuse bonté nous sera à jamais précieux, et
nous espérons que les bons offices qu'il a bien voulu nous rendre
auront leur utilité pour la science. Nous renouvelons aussi à M. le
docteur Reboud et à M. le lieutenant Philibert, qui, pendant cette
expédition du Sahara, nous ont si activement secondé, nos affectueux remerciments, et nous les prions, ainsi que M. le docteur
Guyon, monsieur Schousboë, MM. les capitaines Carrus et Guyon-
Vernier, et tous ceux qui nous sont déjà venus en aide, de vouloir bien nous continuer leur amicale assistance.

Alger, 1er mars 1858.

MAMMIFÈRES.

CLASSE DES MAMMIFÈRES. — MAMMALIA.

ORDRE DES PRIMATÈS. — PRIMATES.

FAMILLE DES SINGES. — SIMIIDÆ.

GENRE MAGOT. — PITHECUS, E. Geoffr.

1. MAGOT COMMUN. — PITHECUS INUUS.

Pithecus inuus, E. Geoffr., *Catal. du Mus. de Paris* (1803), p. 26, sp. 3.
Simia inuus, sylvanus et pithecus, Linn., *Syst. nat.*, 12e édit. (1766), t. I,
p 34 et 35.
Macacus inuus, Desmar., *Mamm.* (1820), p. 67, sp. 37, pl. 6, fig. 3
de l'*Encycl*.
Le Magot, Buff., *Hist. nat.*, t. XIV, p. 109, pl. 7 à 12, et pl. col. 238 et 239.

Chadi -- شادي ——— Kerd -- فرد

Habitat. Les gorges de la Chiffa, quelques parties de la grande
Kabylie et de la province de Constantine.

ORDRE DES CARNASSIERS. — FERÆ.

FAMILLE DES CANIDÉS. — CANIDÆ.

GENRE CHACAL. — LUPULUS, Blainville.

2. CHACAL VULGAIRE. — LUPULUS AUREUS.

Lupulus aureus, Blainville. *Ostéographie* 1841, 1er livr., p. 24, pl. 3.
Canis aureus, Linn., *Syst. nat.*, 12e édit. (1766), t. I, p. 59, sp. 7.

Lupus aureus, Briss., *Règne anim.* (1756), p. 237, n° 3.
Le Chacal, Buff., *Hist. nat.*, t. XIII, p. 255, et Suppl., t. X, p. 311.

Dib — ذيب.

♂ Adulte. Tué à Guellabou. Donné par M. le baron de Vèze.

Habitat. Toute l'Algérie.

GENRE RENARD. — VULPES, Brisson.

3. RENARD D'ALGÉRIE. — VULPES ALGERIENSIS.

Canis Vulpes, *var.* Atlantica, Moritz Wagner, *Voy. Alger, atl.*, Tab. 111.

Tsaalb — ثعالب.

Habitat. Les trois provinces de l'Algérie.

4. RENARD DORÉ OU D'ÉGYPTE. — VULPES NILOTICUS.

Canis Niloticus et Ægyptus, E. Geoffr., *Voy. en Égypte et Cat. du Mus. de Paris* (1803), p. 134.
Vulpes Niloticus, Less., *Nouv. Tabl. du Règ. an.* (1842), p. 11, sp. 482.

Tsaalb — ثعالب.

Jeune. Plaine du Chélif. Donné par le capitaine Loche.

Habitat. Toute l'Algérie.

5. RENARD FAMÉLIQUE. — VULPES FAMELICUS.

Vulpes famelicus, Less., *Nouv. Tabl. du Règ. an.* (1842), p. 11.
Canis famelicus, Rupp., *All. zool.* (1830), pl. 5.

Tsaalb — ثعالب.

♂ Tué à Ras-Nili (Sahara). Donné par le capitaine Loche.

Habitat. Le sud de l'Algérie.

GENRE FENNEC. — **FENECUS**, Desmarets.

6. FENNEC BRUCE. — FENNECUS BRUCEII (1).

Fennecus Bruceii, Desmar., *Mamm.* (1820), p. 235, sp. 367, pl. 103 de
l'*Encycl. méth.*
Canis cerdo, Gmel., *Syst. nat.* (1788), t. 1, p. 75, sp. 17.
Fennec, Bruce, *Voy. en Nub. et Abyss.*, t. V, p. 154, sp. 28.
Animal anonyme, Buff., *Hist. nat.*, Suppl., t. III, p. 128, pl. 19.

Fenek — فنك.

٤ Ouargla. Donné par le capitaine Loche.

Habitat. Le Mzab et le Souf.

———

FAMILLE DES VIVERRIDES. — VIVERRIDÆ.

SOUS-FAMILLE DES HYÉNINÉS. — HYENINÆ.

GENRE HYÈNE. — **HYÆNA**, Storr.

7. HYÈNE RAYÉE. — HYÆNA STRIATA.

Canis Hyæna, Linn., *Syst. nat.*, 12e édit. (1766), t. I, p. 58, sp. 3.
Hyæna striata, Zimmerm., *Geogr. gesch.* (1778), t. II, p. 256, p. 148.
Hyæna vulgaris, Desmar., *Mamm.* (1820), p. 215, sp. 331, pl. 108, fig. 1 de
l'*Encycl. méth.*
L'Hyène, Buff., *Hist. nat.*, t. IX, p. 268, pl. 25, et Suppl., pl. 46.

Debaâ — ضبع.

Habitat. Toute l'Algérie.

SOUS-FAMILLE DES HERPESTINÉS. — HERPESTINÆ.

GENRE MANGOUSTE. — **MANGUSTA**, G. Cuv.

8. MANGOUSTE D'ALGER. — MANGUSTA NUMIDICA.

Mangusta Numidica, F. Cuv., *Mamm.*, liv. 68.

______

(1) Nous devons à l'obligeance de M. le docteur Guyon, inspecteur médical,
membre du conseil de santé, un couple vivant de ces charmants petits animaux.

Herpestes Numidicus, F. Cuv.; Lereboullet et Duvernoy, *Mém. de la Soc. d'Hist. nat. de Strasbourg* (1842), t. III, p. 4.

Zerdi — زردي.

♂ Tué à Rovigo. Donné par le docteur Bonello.
Jeune, tué à Kouba. Donné par le capitaine Loche.

Habitat. Toute l'Algérie.

SOUS-FAMILLE DES VIVERRINÉS. — VIVERRINÆ.

GENRE GENETTE. — GENETTA, G. Cuv.

9. GENETTE DE BARBARIE. — GENETTA AFRA.

Genette de Barbarie, Fr. Cuv., *Mamm.*, fasc. 3.
Viverra Genetta, *var.* Barb., Moritz. Wagn. *Voy. Algier, All.*, t. V.

Kot el Ghali — قط الغالي.

♂ et jeune, provenant de Tizi-Ozou. Donnés par le capitaine Loche.

Habitat. Les trois provinces de l'Algérie.

10. GENETTE DE BONAPARTE. — GENETTA BONAPARTII (1).

Genetta Bonapartii, Loche, *Rev. et Mag. de Zool.* (1857), p. 385, pl. 13.

Kot el Ghali — قط الغالي.

♂ Tué à la Bouzaréa. Donné par le capitaine Loche.

Habitat. La province d'Alger.

(1) Cette espèce nouvelle, que nous avons récemment découverte dans les environs d'Alger, a été dédiée par nous à la mémoire du prince Charles-Lucien Bonaparte, naturaliste éminent dont la science déplore la perte, et qui daignait nous honorer d'une bienveillance toute spéciale.

FAMILLE DES FÉLIDÉS. — FELIDÆ.

GENRE FÉLIS. — FELIS, Linn.

11. FÉLIS LION. — FELIS LEO.

Felis Leo, Linn., *Syst. nat.*, 10ᵉ édit. (1758), t. I, p. 41, sp. 1.
Le Lion, Buffon, *Hist. nat.*, t. IX, pl. 1 et 2.
Le Lion de Barbarie, Fréd. Cuv., *Mamm.*, liv. II.

Sebaa — سبع et Aced — أسد.

Habitat. La province de Constantine. On le rencontre accidentellement dans quelques autres parties de l'Algérie.

Une variété constante serait le Lion à crinière noire, qui se
trouve dans les mêmes localités que le précédent.

Var. *a*. LE LION A CRINIÈRE NOIRE. — FELIS LEO NIGRA.

12. FÉLIS PANTHÈRE. — FELIS PARDUS.

Felis Pardus, Linn., *Syst. nat.*, 10ᵉ édit. (1758), t. I, p. 41.
Felis Leopardus, Temm., 4ᵉ *Monogr. des Mamm.* (1827), p. 92.
La Panthère, Buff., *Hist. nat.*, t. IX, pl. 11.
Felis Pardus d'Algérie, Blainv., *Ostéogr.* (1842), liv. xII, pl. 3.

Nemeur — نمر.

Habitat. Les trois provinces de l'Algérie, mais particulièrement
celle de Constantine.

13. FÉLIS SERVAL. — FELIS SERVAL.

Felis Serval, Schreb., *Saügt.* (1775), p. 407, tab. 108.
Felis Serval et Capensis, Linn ; Gmel., *Syst. nat.* (1788), t. I, p. 81, sp. 16
et 14.
Le Serval, Buff., *Hist. nat.*, *Quadr.*, t. III, p. 231.
Felis Serval (Buff.), Levaillant jun., *Explor. scient. de l'Alg. all.*,
Mamm., pl. 1.

♂ Lac Fetzara. Donné par le capitaine Loche.

Habitat. Les trois provinces de l'Algérie.

14. FÉLIS GUÉPARD. — FELIS JUBATA.

Felis jubata, LINN., *Syst. nat.*, édit. Gmel., t. I, p. 79, sp. 11.
Felis guttata, HERMANN, *Obs. zool.*, t. I, p. 38.
Cynofelis guttata, LESS., *Nouv. Tabl. du Règne anim.* (1842), p. 49, sp. 510.
Le Guépard, BUFF., *Hist. nat.*, t. XIII, p. 249.
(Vulgairement Tigre chasseur ou Léopard à crinière.)

Fehed — فهد.

Habitat. Les parties méridionales de l'Algérie et la frontière du Maroc.

15. FÉLIS CARACAL. — FELIS CARACAL.

Felis Caracal, LINN.; GMEL., *Syst. nat.* (1788), t. I, p. 82, sp. 18.
Le Caracal, BUFF., t. IX, pl. 24, et Suppl., t. III, p. 232, pl. 94. Caracal de
    Nubie, d'après Bruce.
Le Linx de Barbarie.
Felis Caracal (BUFF.), LEVAILLANT jun., *Explor. scient. de l'Alg. atl.,*
    Mamm., pl. 2.

Anag el Ard — عناق الأرض.

♂? Birkadem. Donnés par le capitaine Loche.

Jeune. Djelfa. Donné par M. Clarke.

Habitat. Toute l'Algérie.

16. FÉLIS LIBYEN. — FELIS LIBYCUS.

Felis Libycus, OLIVIER, *Voy. en Égypte* (1801), t. II, p. 41.
Felis caligata, BRUCE, *Voy. en Nubie et Abyss.*, t. V, p. 173, pl. 30.
Le Caracal de Libye, BUFF., Supplém., t. III, p. 232, d'après Bruce.
Felis Libycus (OLIV. J. GEOFFR.), LEVAILLANT jun., *Explor. scient. de l'Al-*
    gérie atl., Mamm., pl. 3.

Kot el Khla — قط الخلاء.

♀ Khoua el Ioudi. Donné par le capitaine Loche.

Habitat. Les parties boisées de l'Algérie et le désert du Sahara.

17. FÉLIS CHAT. — FELIS CATUS.

Felis Catus, Linn., *Syst. nat.*, 12ᵉ édit. (1766), t. I, p. 62, sp. 6.
Felis sylvestris, Aldrov., *Digit.*, p. 582, fig. 583.
Chat et Chat sauvage, Buff., *Hist. nat.*, t. VI, pl. 1.

Kot el Khla — قط الخلا.

Habitat. Les parties boisées de l'Algérie.

18. FÉLIS MARGUERITE. — FELIS MARGARITA (1).

Felis Margarita, Loche, *Revue et Mag. de Zool.* (1858), p. 49, pl. 1.

♂ Négouça. Donné par le capitaine Loche.

Habitat. Le désert du Sahara.

FAMILLE DES MUSTÉLIDÉS. — MUSTELIDÆ.

SOUS-FAMILLE DES MUSTÉLINÉS. — MUSTELINÆ.

GENRE PUTOIS. — PUTORIUS, G. Cuv.

19. PUTOIS BOCCAMÈLE. — PUTORIUS BOCCAMELA.

Putorius Boccamela, de Selys Longchamps, *Ind. méth. des Mamm.* (1839),
    p. 146, sp. 27.
Boccamela, Cetti, *Hist. nat. de Sard.*, t. I, p. 211.
Mustela Boccamela, Becht, Ch. Bonap., *Faune ital.*, tab. 1.
Putorius Numidicus ? Pucheran, *Rev. et Mag. de Zool.* (1855), t. VII, p. 393.
Putorius Africanus (Desmar.), Pomel, *Mém. sur la Mamm. de l'Algérie*,
    Compt. rend. de l'Acad. (1856), t. XLII, p. 654.

Far el Kheil — فار الخيل.

(1) Nous avons rencontré cette rare et belle espèce, qui n'était pas encore connue, dans le Sahara, pendant l'expédition de 1855-57. En la dédiant à M. le commandant Marguerite, qui a bien voulu nous seconder si activement dans nos recherches, nous accomplissons un devoir de reconnaissance.

Kouba, Hussein-Dey. Donnés par le capitaine Loche.

Habitat. La province d'Alger.

Le Putois Furet (*Putorius Furo*), indiqué par quelques auteurs comme originaire de l'Afrique septentrionale, n'y a pas encore été trouvé à l'état sauvage. Comme en Europe, il y est élevé en captivité pour la chasse aux lapins.

GENRE ZORILLE. — ZORILLA, G. Cuv.

20. ZORILLE DE VAILLANT. — ZORILLA VAILLANTII (1).

Zorilla Vaillantii, Loche, *Revue et Mag. de Zool.* (1856), n° 10, pl. 22

Djebel Balarat. Donné par le capitaine Loche.

Aïn Oussera. Donné par le capitaine Loche.

Habitat. La frontière tunisienne et le sud de la province d'Alger.

SOUS-FAMILLE DES LUTRINÉS. — LUTRINÆ.

GENRE LOUTRE. — LUTRA, Erxleb.

21. LOUTRE VULGAIRE. — LUTRA VULGARIS.

Lutra vulgaris, Erxleb., *Syst. mamm.* (1777), p. 448, sp. 2.
Mustela Lutra, Linn., *Syst. nat.*, 12ᵉ édit. (1766), t. I, p. 66, sp. 2.
La Loutre, Buffon, *Hist. nat.*, t. VII, p. 134, pl. 2, et t. XIII, p. 323, pl 45.

Kilb el ma — كلب الماء.

Chélif. Donnés par le capitaine Loche.

Habitat. Les grands cours d'eau de l'Algérie, le Chélif, le Massafran, le Sig et l'Harrach.

---

1) Son Excellence M. le maréchal Vaillant, ministre secrétaire d'État de la guerre, auquel nous devons d'avoir pu étendre nos recherches en Algérie, a bien voulu accepter la dédicace de cette nouvelle espèce de Zorille.

ORDRE DES PINNIPÉDES. — PINNIPEDIA.

FAMILLE DES PHOCIDÉS. — PHOCIDÆ.

GENRE PHOQUE. — PHOCA, Linn.

22. PHOQUE MOINE. — PHOCA MONACHA.

Phoca monachus, HERMANN, *Mém. de Berlin*, t. IV, p. 501, tab. 12 et 13.
Phoca albiventer, BODDAERT, *Eleuch.*, p. 170.
Pelagius monachus, F. CUV. ; DE SELYS.
Monachus Mediterraneus, NILSON, *Vot. Acad. Hand.* (1737), p. 235.
Phoque à ventre blanc, BUFFON, *Hist. nat.*, Suppl , t. VI, pl. 44.

♀ Rade d'Alger. Donné par le capitaine Loche.

Habitat. Les côtes de l'Algérie.

ORDRE DES CÉTACÉS. — CETE.

FAMILLE DES DELPHINIDÉS. — DELPHINIDÆ

GENRE THURSIOPS. — THURSIOPS, Gervais.

23. TURSIOPS NÉSARNACK. — TURSIOPS TURSIO.

Tursiops Tursio, P. GERVAIS, *Hist. nat. des Mamm.* (1854), t. II, p. 323.
Delphinus Tursio, BONAT, *Cetol.*, p. 21, pl. 11, fig. 1.
Delphinus Nesarnack, LACÉPÈDE, *Hist. nat. des Cétacés*, 2ᵉ édit., t. I, p. 169.
Delphinorhyncus Tursio, SCHINZ, *Synops. Mamm.* (1845), t. II, p. 501, sp. 23.
Le Souffleur, LACÉPÈDE, t. XV, fig. 2.

♂ Rade d'Alger. Donné par le capitaine Loche.

Habitat. Le rivage de l'Algérie.

ORDRE DES PACHYDERMES. — BELLUÆ.

FAMILLE DES SUIDES. — SUIDÆ.

GENRE SANGLIER. — SUS, Linn.

24. SANGLIER VULGAIRE. — SUS SCROFA.

Sus scrofa, Linn., *Syst. nat.*, 10e édit. (1758), t. I, p. 49, sp. 1.
Sus Aper, Briss., *Règne anim.*, p. 108, sp. 3.
Le Sanglier, Buff., *Hist. nat*, t. V, p. 99, pl. 14.

Hallouff el ghaba — حلّوف الغابة.

Beni Sliman. Donné par M. le colonel de Neveu.

Habitat. Toute l'Algérie.

ORDRE DES RUMINANTS. — PECORA.

FAMILLE DES CAMÉLIDES. — CAMELIDÆ.

GENRE CHAMEAU. — CAMELUS (1), Linn.

25. CHAMEAU DROMADAIRE. — CAMELUS DROMEDARIUS.

Camelus Dromedarius, Linn., *Syst. nat*, 10e édit. (1758), t. I, p. 65, sp. 1.
Le Dromadaire, Buff., *Hist. nat.*, t. XI, pl. 9.

Djemel — جمل.

Une variété du *Camelus Dromedarius*, nommée *Méhari*, est d'une prodigieuse vitesse.

(1) Nous ne portons que pour mémoire ce genre, qui, acclimaté en Algérie, n'en est pas originaire.

FAMILLE DES CERVIDÉS. — CERVIDÆ.

GENRE CERF. — CERVUS, Linn.

26. CERF COMMUN. — CERVUS ELAPHUS.

Cervus Elaphus, Linn., *Syst. nat.*, 10ᵉ édit. (1758), t. I, p. 67, sp. 3.
Le Cerf, Buff., *Hist. nat.*, t. VI, p. 63, pl. 9.

Habitat. La frontière de Tunis, particulièrement aux environs de la Calle.

GENRE DAIM. — DAMA, H. Smith.

27. DAIM VULGAIRE. — DAMA VULGARIS.

Dama vulgaris, Aldrov., *Quadr.*, p. 471 ; — H. Smith.
Cervus Dama, Linn., *Syst. nat.*, 12ᵉ édit. (1766), t. I, p. 93, sp. 1.
Daim et Daine, Buff., *Hist. nat.*, t. VI, p. 167, pl. 27 et 28.

Habitat. La frontière tunisienne.

FAMILLE DES BOVIDÉS. — BOVIDÆ.

SOUS-FAMILLE DES ANTILOPINÉS. — ANTILOPINÆ.

GENRE ANTILOPE. — ANTILOPE, Pallas.

28. ANTILOPE ADDAX. — ANTILOPE ADDAX.

Antilope addax, Temm.; Rüppel, *Atl. zool.* (1830), pl. 7.

Mèha. —

℃ Le Souf. Donné par le bureau arabe de Géryville.

Habitat. Le Souf, le pays des Touaricks.

GENRE GAZELLE. — GAZELLA, Blainville.

29. GAZELLE DORCAS. — GAZELLA DORCAS.

Capra Dorcas, Linn., *Syst. nat.*, 10ᵉ édit. (1758), t. I, p. 69, sp. 1.

Antilope Dorcas, PALLAS, *Misc. zool.*, p. 6, et *Spicil. zool.*, fasc. 1, p. 2, et
fasc. 12, p. 15.
Gazella Africana, RAY, *Synops.*, *Quadr.*, p. 80, n° 6.
La Gazelle, BUFFON, *Hist. nat.*, t. XII, p. 201, 249, pl. 23.

Ghzala ou Bezala — غَزَالة.

Sahara. Donné par le capitaine Loche.

Habitat. Le sud de l'Algérie.

30. GAZELLE CORINNE. — GAZELLA CORINNA.

Antilope Corinna, PALLAS, *Miscel. zool.*, p. 7, et *Spicil. zool.*, fasc. 1, p. 12.
La Corinne, BUFF., *Hist. nat.*, t. XII, p. 261, pl. 29 et 31, fig. 3. et 4 la fem.

Ghzala ou Bezala — غَزَالة.

Habitat. Le sud de l'Algérie.

GENRE ALCÉLAPHE. — ALCELAPHUS, Blainville.

31. ALCÉLAPHE BUBALE. — ALCELAPHUS BUBALIS.

Antilope Bubalis, PALLAS, *Spicil. zool.*, fasc. 1, XII, p. 16.
Bubalus, PLINE, *Hist. nat.*, t. VIII, cap. 15.
Bos Africanus, BUFFON, *Hist. nat. anim.* (1555).
Bubale, BUFF., *Hist. nat.*, t. XII, p. 294, fig. 37.

Begra el Ouahch — بقرة الوحش.

Habitat. Le Souf et les régions du sud de l'Algérie.

FAMILLE DES CAPRIDES. — CAPRIDÆ.

SOUS-FAMILLE DES OVINÉS. — OVINÆ.

GENRE MOUFFLON. — MUSIMON, P. Gervais.

32. MOUFLON A MANCHETTES. — MUSIMON TRAGELAPHUS.

Musimon Tragelaphus, P. GERVAIS, *Hist. nat. des Mamm.* (1854), t. II, p. 192.
Ovis ornata, GEOFFR.-SAINT-HIL., *Mém. de l'Institut d'Égypte, Hist. nat.*,
pl. 7, fig. 2.
Ovis Tragelaphus, DESMARETS, *Mamm.* (1820), p. 486, sp. 738.
Capra Tragelaphus, FISCH., *Synops. Mamm.* (1829), p. 187, sp. 7.

La Feischthal, SHAW, *Voy. dans plus. prov. de Barbarie.*
Le Mouflon à manchettes (GEOFFR.), et Aroui des Arabes, LEVAILLANT, *Expl
scient. de l'Alg. off.*, Mamm., pl. 2.

Aroui — اروى.

3 Souf. Donné par le capitaine Carrus.

Habitat. Le Souf, les montagnes du Sahara, le Djebel Amour.

GENRE MOUTON. -- OVIS, Linn.

Ce genre n'est représenté en Algérie que par des races domesti-
ques, dont les principales sont :

Le Mouton à longues jambes ou du *Fezzan.* — *Ovis longipes*, DESMARETS.
Le Mouton à large queue, *ovis laticauda*, BRISS., *Règne anim.*, p. 75.
   Ovis Aries laticauda, GMEL., DESMAR.
   Ovis Aries stalopyga, PALLAS.
   Mouton de Barbarie, BUFF.

Ghanem — غنم. Nom générique.

ORDRE DES CHEIROPTÈRES. — CHEIROPTERA.

FAMILLE DES VESPERTILIONIDES. — VESPERTILIONIDÆ.

GENRE VESPERTILION. — VESPERTILIO, Linn.

Tous les Vespertilionidés sont désignés par les Arabes sous les
noms génériques de Their Ellil — طير الليل et Outhouith —
وطويط.

53. VESPERTILION MURIN — VESPERTILIO MURINUS.

Vespertilio murinus. LINN., *Syst. nat.*, 12e édit. (1766), t. I, p. 47, sp. 6.
La Chauve-Souris, BUFF., *Hist. nat. des Mamm*, t. VIII, p. 131, pl. 16.

Their Ellil — طير الليل et Outhouist — وطويط.

7 Idrac. Donnés par le capitaine Loche.

Habitat. Les environs d'Alger.

GENRE MINIOPTÈRE. — **MINIOPTERUS**, Ch. Bonap.

34. MINIOPTÈRE DE SCHREBERS. — MINIOPTERUS SCHREBERSII.

Miniopterus Schrebersii, Less., *Nouv. Tabl. du Règne anim.* (1842), p. 27,
 sp. 355.
Vespertilio Schrebersii, Natterer et Kuhl., *Deuts. Flem.*, p. 41, sp. 7, ann.
 de Wett. iv.
Pipistrellus Schrebersii, de Selys Longchamps, *Ind. méth. des Mamm*
 (1839), p. 139, sp. 24.

♂ ♀ Idrac. Donnés par le capitaine Loche.

Habitat. Les environs d'Alger.

GENRE PIPISTRELLE. — **PIPISTRELLUS**, Ch. Bonap.

35. PIPISTRELLE NOCTULE. — PIPISTRELLA NOCTULA.

Pipistrella Noctula, Ch. Bonap., *Iconogr dell. Faun. ital.*, t. XIII, fig. 1.
Vespertilio Noctula, Schreb., *Säügt.* (1775), p. 166, sp. 10, t. LII; Linn.,
 edit. Gmel.
Vespertilio serotinus, Geoffr, *Ann. du Mus.*, t. VIII, p. 194, sp. 4.
La Noctule, Daub.; Buff., *Hist. nat.*, t. VIII, p. 128, pl. 18, fig. 1.

♂ ♀ Plaine du Chélif. Donnés par le capitaine Loche.

Habitat. La province d'Alger.

36. PIPISTRELLE VISPISTRELLE. — PIPISTRELLA VISPISTRELLA.

Pipistrellus Vispistrellus, Ch. Bonap., *Icon. dell. Faun. ital.*, t. II, fig. 1.
Vespertilio Vispistrellus, Temm., 13° *Monogr. de Mamm.* (1838), t. II, p. 193.

♀ Alger. Donnés par le capitaine Loche.

Habitat. La ville et les environs d'Alger.

GENRE OREILLARD. — **PLECOTUS**, E. Geoffr.

37. OREILLARD VULGAIRE. — PLECOTUS AURITUS.

Plecotus auritus, Ch. Bonap., *Icon. dell. Faun. ital.*, pl. 8, fig. 1.

Vespertilio auritus, Linn., *Syst. nat.*, 12ᵉ édit. (1766), t. I, p. 47, sp. 6.
Plecotus communis, Geoffr.; Less , *Man. de Mamm.*, p. 95, sp. 232.
Plecotus vulgaris, Desmar., *F. mamm.*, p. 18, sp. 1.
L'Oreillard, Daubenton, Buffon, Cuvier.

Habitat. Rencontré accidentellement à Blidah.

SOUS-FAMILLE DES RHINOLOPHINÉS. — RHINOLOPHINÆ.

GENRE RHINOLOPHE. — RHINOLOPHUS, E. Geoffr.

38. RHINOLOPHE UNIFER. — RHINOLOPHUS UNIHASTATUS.

Rhinolophus unihastatus, Geoffr., *Ann. du Mus.*, t. XX, p. 261, sp. 1, et
    p. 257, pl. 5.
Vespertilio ferrum equinum, Linn., *Syst. nat.*, éd. Gmel., t. I, p. 50, sp. 20,
    v. A.
Rhinolophus ferrum equinum, Leach., *Zool. miscell.*, t. III, p. 2, sp. 1.
Le grand Fer à Cheval, Daubenton, Buffon, Cuvier.

♂ Jardin Marengo. Donné par le capitaine Loche.

Habitat. Alger et ses environs.

39. RHINOLOPHE BIFERS. — RHINOLOPHUS HIPPOCREPIS.

Rhinolophus hippocrepis, Hermann, *Obs. zool.*, p. 18; Ch. Bonap., *Faun.*
    ital., tab. 16, fig. 2.
Vespertilio ferrum equinum, B. Linn., ed. Gmel., t. I, p. 50, sp. 20, v. B.
Vespertilio hipposideros, Bechst., *Nat. Deuts.*, p. 1188, jun.
Rhinolophus bihastatus, Geoffr., *Ann. du Mus.*, t. XX, p. 265, tabl. 5.
Le petit Fer à Cheval, Daubenton, Buffon, Cuvier.

♂ ♀ Tixeraïn. Donnés par le capitaine Loche.

Habitat. Les environs d'Alger.

Des recherches ultérieures feront probablement découvrir en
Algérie un plus grand nombre de Chéiroptères ; les Vespertilions
Nattererii, emarginatus; les Pipistrelles *Kuhlii, Savii;* la Miniop-
tère *Ursinii,* la Barbastelle commune, et quelques autres espèces
qui ont été rencontrées en Provence, en Italie, en Sicile, etc.,
doivent aussi se rencontrer en Algérie.

ORDRE DES INSECTIVORES. — BESTIÆ.

FAMILLE DES SORICIDES. — SORICIDÆ.

GENRE MUSARAIGNE. — SOREX, de Selys.

Far el Kla — فار الخلاء. Nom générique.

40. MUSARAIGNE CARRELET. — SOREX TETRAGONURUS.

Sorex tetragonurus, HERMANN, *Tabl. des An.*, p. 79, sp. 2; DE SELYS LONG-
  CHAMPS, *Microm.*, p. 18.
Sorex araneus et vulgaris, LINN., *Faun. Suec.*, 2e edit.
Sorex constrictus, GEOFFR., *Ann. du Mus.*, t. XVII, p. 178, pl. 3, fig. 1.
Amphisorex tetragonurus, DUVERNOY, *Frag. d'Hist. nat. sur les Musarai-
  gnes.*

♂ Chéraga. Donné par le capitaine Loche.

Habitat. Les environs d'Alger.

GENRE CROCIDURE. — CROCIDURA, Wagler.

41. CROCIDURE ARANIVORE OU MUSETTE. — CROCIDURA ARANEA.

Crocidura aranea, DE SELYS LONGCHAMPS, *Micromam.*, p. 34, sp. 2.
Sorex araneus, SCHREBERS, *Saugl.*, p. 573, sp. 3, tab. 160.
Crocidura major, ruta et moschata, WAGLER, *Isis.*
La Musaraigne, BUFF., *Hist. nat.*, t. VIII, p. 57, pl. 10, fig. 1.

♂ Bab el Oued. Donné par M. Lallemant.

Habitat. Toute l'Algérie.

GENRE PACHYURE. — PACHYURA, de Selys.

42. PACHYURE AGILE. — PACHYURA AGILIS.

Sorex agilis, LEVAILLANT jun., *Explor. scient. de l'Alg. all., Mamm.*,
  pl. 4, fig. 2.
Sorex Mauritanicus? POMEL., *Compt. rendus de l'Acad. des Sciences (1856)*,
  t. XLII, p. 653.

Habitat. Les provinces d'Oran et de Constantine.

GENRE CROSSOPE. — CROSSOPUS, Wagl.

43. CROSSOPE AQUATIQUE. — CROSSOPUS FODIENS.

Crossopus fodiens, CH. BONAP., *Iconogr. dell. Faun. ital.*, pl. 18, fig. 6.
Sorex fodiens, PALLAS, *in Tabula ined.* (1755); GMEL., BLAINV.
Sorex Daubentonii, ERXLEB., *Syst. nat.* (1777), p. 124, sp. 5.
La Musaraigne d'eau, DAUBENTON; BUFF., *Hist. nat.*, t. VII, p. 64, pl. 11, fig. 1.

~ Reghaia. Donné par le capitaine Loche.

Habitat. Les bords des rivières et des ruisseaux.

Toutes les espèces de cette famille, ainsi que beaucoup de petits rongeurs, ne sont connues des Arabes que sous la dénomination générique de Far el Kla — فار الخلا.

SOUS-FAMILLE DES MACROSCÉLIDINÉS. — MACROSCELIDINÆ.

GENRE MACROSCÉLIDE. — MACROSCELIDES, Smith.

44. MACROSCÉLIDE ROZET. — MACROSCELIDES ROZETI.

Macroscelides Rozeti, DUVERNOY, *Mém. de la Soc. d'Hist. nat. de Strasb.* (1832), t. I, 2ᵉ liv., p. 18, pl. 1 et 2.
(Vulgairement Rat à trompe.)

Far el Kheil — فار الخيل et Erbib el Helalif — ربيب الخلايف.

~ Aïn el Bel. Donné par le docteur Reboud.

Habitat. Les environs de Djelfa, de Bône et d'Oran.

FAMILLE DES ÉRINACÉIDES. — ERINACEIDÆ.

GENRE HÉRISSON. — ERINACEUS, Linn.

45. HÉRISSON D'ALGÉRIE. — ERINACEUS ALGIRUS.

Erinaceus Algirus, LEREBOULLET et DUVERNOY, *Mém. de la Soc. d'Hist. nat. de Strasbourg* (1842), t. III, 2ᵉ liv., p. 4.

Ganfoud — قنفود.

♂ ♀ Environs d'Alger. Donnés par le capitaine Loche.

Habitat. Les trois provinces de l'Algérie.

Une espèce, ou tout au moins une variété fort distincte, que nous avons rencontrée dans le Sahara et que le docteur Bouvry y a aussi trouvée, serait, si elle était acceptée comme espèce :

46. HÉRISSON DU DÉSERT. — ERINACEUS DESERTI, Loche.

La petite taille de ce Hérisson et son système de coloration le différencient au premier coup d'œil de l'*Erinaceus Algirus*. Les teintes générales de l'*Erinaceus deserti* sont un joli fauve isabelle; chaque piquant est entouré, un peu au-dessus de sa base, d'un cercle brunâtre peu étendu, et un autre cercle de la même nuance existe vers l'extrémité ; la pointe des piquants est isabelle blanchâtre.

Un accident arrivé à la dépouille que nous possédions ne nous a pas permis de la préparer, mais nous avons vu la semblable chez M. Parzudaki, marchand naturaliste à Paris, qui la tenait de M. Bouvry.

ORDRE DES RONGEURS. — GLIRES.

FAMILLE DES MURIDES. — MURIDÆ.

SOUS-FAMILLE DES MYOXINÉS. — MYOXINÆ.

GENRE LOIR. — MYOXUS, Schreb.

47. LOIR DE MUMBY. — MYOXUS MUMBYANUS.

Myoxus Mumbyanus, POMEL., *Notes sur la Mamm. de l'Algérie, Comptes rendus de l'Acad. des Sciences* 1856), t. XLII, p. 653.

Far el Kla — فار الخلا.

♂ ♀ ♀ Zaccar. Donnés par le capitaine Loche.

Habitat. Les provinces d'Alger et d'Oran.

SOUS-FAMILLE DES DIPODINÉS. — DIPODINÆ.

GENRE GERBOISE. — DIPUS, Schreb.

Djerboa — جربوع. Nom générique.

48 GERBOISE GERBO. — DIPUS GERBOA.

Dipus Gerboa, DESMARETS, *Mamm.* 1820), p. 316, sp. 599, pl. 73, fig. 2 de
l'*Encyclop. méth.*
Dipus Sagitta, ZIMMERM., *Geogr. gesch.*, t. II, p. 355, 264.
Mus Sagitta, PALLAS, *Glires*, p. 87, t. XXI.
Gerbo ou Gerboise, BUFF., *Hist. nat.*, t. XIII, p. 141 édit. all., t. XV, p. 6,
pl. 7, et Suppl., t. VI, p. 259, pl. 39 et 40.

♂ Beni Sliman. Donné par le capitaine Loche.

Habitat. Les provinces d'Alger et de Constantine.

49. GERBOISE DE MAURITANIE. — DIPUS MAURITANICUS.

Dipus Mauritanicus, LEREB. et DUVERNOY, *Mém. de la Soc. d'Hist. nat. de
Strasbourg* (1842, t. III, 2e liv., p. 31.
Dipus Ægyptius? M. WAGNER, *Voy. Algier* (1837), t. II, p 61.

♂ Laghouat. Donné par le capitaine Loche.

Habitat. Les provinces d'Alger et d'Oran.

50. GERBOISE DU DÉSERT. — DIPUS DESERTI, Loche.

Cette espèce, que sa petitesse et sa coloration effacée, particu-
lière aux animaux du désert, ne permettent pas de confondre avec
les *Dipus Gerboa* et *Dipus Mauritanicus*, a été rencontrée par nous
pendant l'expédition de 1856-57 dans le Sahara.

♂ Ouargla. Donné par le capitaine Loche.

Habitat. Les environs d'Ouargla.

GENRE ALACTAGA. — ALACTAGA, Fr. Cuv.

51. ALACTAGA DES ROSEAUX. — ALACTAGA ARUNDINIS.

Alactaga arundinis, F. CUV., *Transact. of the Zool. Soc.*, t. II, p. 134.

Gerboa, SHAW, *Voy. en Barbarie*, t. I, p. 321.
Dipus arundinis, SCHINZ., *Synops. Mamm.* (1845, t. II, p. 87, sp. 10.

Habitat. Le sud de l'Algérie.

GENRE GERBILLE. — GERBILLUS, Desmar.

Far el Kla — الجربوع. Nom générique.

52. GERBILLE DE SHAW. — GERBILLUS SHAWII.

Gerbillus Shawii, DUVERNOY, *Leçons d'Anat. comp.*, nouv. édition, t. IV,
    2ᵉ part., p. 456.
Gird Shaw, *Voy. dans plus. prov. de Barb.*, traduct. fr., t. I, p. 320.
Meriones robustus, A. WAGNER, *Voy. Alger.*
Rhambomys robustus, WAGLER, *Forts. zu Schreb. maüse*, p. 487.
Gerbillus Shawii, LEVAILLANT jun., *Explor. scient. de l'Algérie att.*, Mamm.,
    pl. 6.

Plaine du Chélif. Donné par le capitaine Loche.

Habitat. Les trois provinces de l'Algérie.

53. GERBILLE CHAMPÊTRE. — GERBILLUS CAMPESTRIS.

Gerbillus campestris, LEVAILLANT jun., *Explor. scient. de l'Algérie att.*,
    Mamm., pl. 5, fig. 2.

Sahara. Donné par le capitaine Loche.

Habitat. Le Sahara algérien.

54. GERBILLE DE SELYS. — GERBILLUS SELYSII.

Gerbillus Selysii, POMEL, *Notes sur la Mamm. de l'Alg., Compt. rend. de*
    l'Acad. des Sciences (1856), t. XLII, p. 654.

Beni Sliman. Donné par le capitaine Loche.

Habitat. Les provinces d'Alger et d'Oran.

55. GERBILLE DE GERBE. — GERBILLUS GERBII.

Gerbillus Gerbii (1), LOCHE, in litteris.

♂ Beni Sliman. Donné par le capitaine Loche.

Habitat. La province d'Alger.

56. GERBILLE DE SCHOUSBOE. — GERBILLUS SCHOUSBOEII.

Gerbillus Schousboeii, LOCHE, in litteris.

♂ Ras Nili. Donné par le capitaine Loche.

Habitat. Le Sahara algérien.

57. GERBILLE ROBUSTE. — GERBILLUS ROBUSTUS?

Meriones robustus, CRETZM.; RUPP.

♂ Aïn el Bel. Donné par le capitaine Loche.

Habitat. Le Sahara algérien.

58. GERBILLE MINULE. — GERBILLUS MINUTUS?

Gerbillus minutus de BLAINVILLE?

♀ Douilba. Donné par le capitaine Loche.

Habitat. Le Sahara algérien.

GENRE CTÉNODACTYLE. — CTENODACTYLUS, Gray.

59. CTÉNODACTYLE DE MASSON. — CTENODACTYLUS MASSONII.

Ctenodactylus Massonii, GRAY, *Spicil. zool.*, tab. 10.
Arctomys Gundi, GMEL., *Syst. nat.* (1788). t. I, p. 145, sp. 7.
Mus Gundi, ROTHMANN, *Ap. Schloz. Br.*, t. I, p. 339; — PALLAS, *Glires,* p 98.

___

(1) Nous avons nommé cette espèce nouvelle *Gerbillus Gerbii* en l'honneur de notre savant et obligeant ami, M. Z. Gerbe, auquel nous sommes heureux de pouvoir offrir ce témoignage de reconnaissance.

Gundi marmot. PENNANT, *Quadr.*, t. II, p. 405, sp. 264.
Gundi Arabicus, SHAW, *Gen. zool.*, t. II, p. 123.

♂ Messad. Donné par le docteur Reboud.

Habitat. Les monts Aurès, Messad, le Chebka du Mzab.

SOUS-FAMILLE DES MURINÉS. — MURINÆ.

GENRE RAT. — MUS, Linn.

Far el Kla — فار الخلا. Nom générique.

60. RAT SURMULOT. — MUS DECUMANUS.

Mus decumanus, PALLAS, *Glires*, p. 91, sp. 40.
Mus sylvestris, BRISS., *Règne anim.* (1756), p. 170, sp. 3.
Mus Norvegicus, ERXLEB., *Mamm.* (1777), p. 381, sp. 1; — BRISS., *loc. cit.*
Le Surmulot et le Pouc, BUFF., *Hist. nat.*, t. VIII, p. 206, pl. 27, et t. XV,
    p. 143.

♂ Alger. Donné par le capitaine Loche.

Habitat. Les parties septentrionales de l'Algérie.

61. RAT NOIR. — MUS RATTUS.

Mus Rattus, LINN., *Faun. Suec.*, t. II, p. 12, sp. 23, et *Syst. nat.*, t. I,
    p. 83, sp. 12.
Le Rat, BUFF., *Hist. nat.*, t. VIII, p. 278, pl. 36.

♂ Rovigo. Donné par le capitaine Loche.

Habitat. Les trois provinces de l'Algérie.

62. RAT D'ALEXANDRIE. — MUS ALEXANDRINUS.

Mus Alexandrinus, E. GEOFFR., *Descript. de l'Égypte*, t. XXIII, p. 183,
    pl. 5, fig. 1.
Mus tectorum, SAVI, *Nor. Giorn. dei litt.*
Mus Alexandrinus, LEVAILLANT jun., *Expl. scient. de l'Alg. atl.*, Mamm.,
    pl. 4, fig. 3.

♂ ♀ Guellabou. Donnés par le baron de Vèze.

Habitat. Toute l'Algérie.

63. RAT MULOT. — MUS SYLVATICUS.

Mus sylvaticus, LINN., *Faun. Suec.*, t. II, p. 12, sp. 36.
Le Mulot, BUFF., *Hist. nat.*, t. VII, p. 325, pl. 41.

♂ Cheraga. Donné par le capitaine Loche.

Habitat. Les environs d'Alger.

64. RAT D'ALGÉRIE. — MUS ALGIRUS, Pomel.

Mus Algirus, POMEL, *Notes sur la Mamm. de l'Alg.*, *Compt. rend. de l'A-
cad. des Sciences*, 1856 , t. XLII, p. 654.

♂ ♀ Alger. Donnés par le capitaine Loche.

Habitat. Toute l'Algérie.

65. RAT SOURIS. — MUS MUSCULUS.

Mus Musculus, LINN , *Faun. Suec.*, t. II, p. 12, sp. 34.
La Souris, BUFF., *Hist. nat.*, t. VII, p. 309, pl. 39, et Suppl., p. 185, pl. 30.

Far — فار.

♂ ♀ Var. Alger. Donnés par le capitaine Loche.

Habitat. Toute l'Algérie.

66. RAT CHAMÉROPS. — MUS CHAMOEROPSIS.

Mus chamœropsis, LEVAILLANT jun., *Expl. scient. de l'Alg. all.*, Mamm.,
pl. 5, fig. 1.

♂ Sahara. Donné par le capitaine Loche.

Habitat. La province de Constantine et le Sahara algérien.

67. RAT RAYÉ OU DE BARBARIE. — MUS BARBARUS.

Mus Barbarus, LINN., *Syst. nat.*, 12ᵉ édit. (1766), t. I, p. 2, add.
Mus Barbarus, LINN.; LEVAILL. jun., *Expl. sc. de l'Alg. atl.*, Mamm., pl. 4,
fig. 1.

Zordani — زغذالي.

♂ et jeune. Milianah. Donnés par le capitaine Loche.

Habitat. Les trois provinces de l'Algérie.

FAMILLE DES HYSTRICIDES. — HYSTRICIDÆ.

GENRE PORC-ÉPIC. — HYSTRIX, Linn.

68. PORC ÉPIC HUPPÉ. — HYSTRIX CRISTATA.

Hystrix cristata, LINN , *Syst. nat.*, 12ᵉ édit. (1766), t. I, p. 76. sp. 1.
Le Porc-Épic, BUFF., *Hist. nat.*, t. XII, p. 402, pl. 51 et 52

Dorban — دربان.

♂ Ouled Fayet. Donné par le capitaine Loche.

Jeune. Zeradla. Donné par M. Fantou.

Habitat. Toute l'Algérie.

FAMILLE DES LEPORIDES. — LEPORIDÆ.

GENRE LIÈVRE. — LEPUS, Linn.

69. LIÈVRE MÉDITERRANÉEN. — LEPUS MEDITERRANEUS.

Lepus Mediterraneus, WAGNER, *Anzeig.* (1841), p. 439; *Schreb. Säugt.*,
Suppl., WAG., p. 77, pl. 233, c.
Lepus meridionalis, GENÉ.

Arneb — ارنب.

♂ ♀, ♀, ⚥ Alger, Laghouat, Ouargla. Donnés par le capitaine Loche.

Habitat. Toute l'Algérie.

GENRE LAPIN. — CUNICULUS, Gerbe.

70. LAPIN D'ALGÉRIE. — CUNICULUS ALGIRUS.

Cuniculus Algirus, LEREBOULLET, d'après P. Gervais, *Hist. nat. des Mamm.* (1854), t. I, p. 292.

Gounïn — قونين.

♀ Environs d'Alger. Donné par le capitaine Loche.

Habitat. Toute l'Algérie.

LISTE SUPPLÉMENTAIRE

POUR LES MAMMIFÈRES

QUI NOUS ONT ÉTÉ SIGNALÉS COMME SE TROUVANT EN ALGÉRIE
MAIS QUE NOUS N'Y AVONS PAS ENCORE RENCONTRÉS.

ORDRE DES CARNASSIERS. — FERÆ.

FAMILLE DES MUSTÉLIDÉS. — MUSTELIDÆ.

GENRE PUTOIS. — PUTORIUS, G. Cuv.

1. PUTOIS COMMUN. — PUTORIUS COMMUNIS, Less.

Mustela Putorius, LINN.
Le Putois, BUFF.

2. PUTOIS BELETTE. — PUTORIUS VULGARIS, de Selys.

Mustela vulgaris, LINN.
La Belette, BUFF.

Nous croyons que cette espèce est remplacée en Algérie par le
Putorius Boccamela, porté au Catalogue.

3. PUTOIS HERMINE. — PUTORIUS ERMINEA, de Selys.

Mustela Erminea, LINN.
L'Hermine, BUFFON.

FAMILLE DES PROCYONIDÉS. — PROCYONIDÆ.

GENRE BLAIREAU — MELES, Briss.

1. BLAIREAU VULGAIRE. — MELES TAXUS, Schreb.

Meles vulgaris, DESMARETS.
Le Blaireau, BUFF.

Le docteur Shaw et quelques autres voyageurs mentionnent la présence en Barbarie du Blaireau vulgaire ; mais aucune capture n'est venue, que nous sachions, confirmer leur assertion.

FAMILLE DES URSIDES. — URSIDÆ.

GENRE OURS. — URSUS, Linn.

2. OURS BRUN. — URSUS ARCTOS, Linn.

Ursus Crowtherii, PUCHERAN ?

L'existence au Maroc, dans les montagnes de l'Atlas, de l'Ours brun, explique le passage accidentel en Algérie de quelques individus de cette espèce, qui y auraient, dit-on, été aperçus.

ORDRE DES PINNIPÉDÉS. — PINNIPEDÆ.

FAMILLE DES PHOCIDES. — PHOCIDÆ.

GENRE PHOQUE. — PHOCA, Linn.

3. PHOQUE COMMUN. — PHOCA VITULINA, Linn.

Le Phoque commun, BUFF.

ORDRE DES CHEIROPTÈRES. — CHEIROPTERA.

FAMILLE DES VESPERTILIONIDES. — VESPERTILIONIDÆ.

GENRE VESPERTILION. — VESPERTILIO, Linn.

7. VESPERTILION DE NATTERER. — VESPERTILIO NATTERERII, Kuhl.

Cette espèce et plusieurs autres, appartenant à l'ordre des Cheiroptères, nous ont été signalées comme se rencontrant en Algérie : mais celles portées au Catalogue sont les seules dont nous ayons pu jusqu'ici constater l'identité.

ORDRE DES INSECTIVORES. — BESTLÆ.

FAMILLE DES TALPIDES. — TALPIDÆ.

8. GENRE TAUPE. — TALPA, Linn.

D'après ce qui nous a été assuré, l'Algérie nourrirait de vraies Taupes, et Poiret, dans son *Voyage en Barbarie* (1789), 1re partie, semble confirmer cette opinion. Cependant l'existence dans nos possessions d'Afrique d'espèces de ce genre est loin d'être certaine, car aucun des nombreux voyageurs qui depuis vingt ans ont fait de ce pays le champ de leurs recherches n'en a encore signalé aucune.

FAMILLE DES SORICIDES. — SORICIDÆ.

GENRE DESMAN. — MYOGALEA, Fisch.

9. DESMAN MUSQUÉ. — MYOGALEA MOSCHATA.

Des renseignements très-précis nous font regarder comme à peu près certaine la présence en Algérie d'une espèce du genre Desman qui serait propre à ce pays, et que des caractères différentiels assez importants ne permettraient pas de confondre avec les deux seules espèces de ce genre qui soient communes jusqu'ici, et qui sont le Desman de Moscovie et le Desman des Pyrénées. Malheureusement il ne nous a pas encore été possible d'obtenir un sujet frais, qui nous est indispensable pour constater l'authenticité de l'espèce en question.

GENRE CROCIDURE. — CROCIDURA, Wagl.

10. CROCIDURE LEUCODE. — CROCIDURA LEUCODON, de Selys.

Sorex leucodon, HERMANN.

ORDRE DES RONGEURS. — GLIRES.

FAMILLE DES SCIURIDÉS. — SCIURIDÆ.

GENRE ÉCUREUIL. — SCIURUS, Linn.

11. ÉCUREUIL BARBARESQUE. — SCIURUS GETULUS, Linn.

Spermosciurus Getulus, LESS.
L'Écureuil barbaresque, BUFF.

OISEAUX.

CLASSE DES OISEAUX. — AVES.

SOUS-CLASSE DES ALTRICÉS. — ALTRICES,

ORDRE DES RAPACES. — ACCIPITRES.

FAMILLE DES VULTURIDÉS. — VULTURIDÆ.

SOUS-FAMILLE DES VULTURINÉS. — VULTURINÆ.

GENRE GYPS. — GYPS, Savigny.

1. GYPS FAUVE. — GYPS FULVUS.

Gyps fulvus, Ch. Bonap., *Consp. av.* (1850), 1ʳᵉ part., p. 10, sp. 1.
Vultur fulvus, Briss., *Traité d'ornith.* (1760), t. I, p. 462 ; — Linn , Cuv.,
 Temm. et Auct.
O (1) Gyps vulgaris, Savig., *Syst. des ois. d'Égypte* (1809), p. 71.
 Le Griffon, Buff., pl. enlum., 426.

Ennesser — النسر.

♂ ♀ Djebel Gontas. Donnés par le capitaine Loche.

Habitat. Toute l'Algérie.

GENRE VAUTOUR. — VULTUR, Linn.

2. VAUTOUR ARRIAN. — VULTUR MONACHUS.

Vultur monachus, Linn., *Syst. nat.*, 12ᵉ édit. (1766), t. I, p. 122.
Vultur cinereus, Gmel., *Syst. nat.* (1788), t. 1, p. 247 ; — Lath.; — Cuv.;
 — Mey. et Wolf.; — Temm.
O Ægypius niger, Savig., *Syst. des ois. d'Égyp.* (1809), p. 74, pl. 11.

---

(1) Le signe O indique les espèces dont les œufs trouvés en Algérie figurent à
l'exposition permanente.

Vultur niger, VIEILLOT. *Dict. d'hist. nat.* (1819), t. XXXV, p. 253, et *Faune franç.*, p. 2.
Le grand Vautour, BUFF., pl. enlum. 425.

Ennesser — النسر.

♀ Djebel Frougen. Donnée par le capitaine Loche.

Habitat. De passage en Algérie.

GENRE OTOGYPS. — OTOGYPS, Gray.

3. OTOGYPS NUBIEN. — OTOGYPS NUBICUS.

Otogyps nubicus, CH. BONAP., *Tableau des ois. de proie, Rev. et mag. de Zool.* (1854), p. 530, sp. 17.
D   Vultur nubicus, HAMILT. SMITH, GRIFF., *An. Kingd.*, p. 64.
Vultur imperialis, TEMM. et LAUGIER, pl. col. 426, ad.
Vultur ægypius, RUPP., NEUC., WIRBELTH., p. 47.

Habitat. Les provinces de Constantine et d'Oran et le sud de la province d'Alger.

GENRE NÉOPHRON. — NEOPHRON, Savig.

4. NÉOPHRON PERCNOPTÈRE. — NEOPHRON PERCNOPTERUS.

Neophron percnopterus, SAVIG., *Syst. des ois. d'Égyp.* (1809), p. 76.
O   Vultur percnopterus, LINN., *Syst. nat.*, 12ᵉ édit. (1766), t. I, p. 123.
Cathartes percnopterus, TEMM., *Man. d'ornith.*, 2ᵉ édit. (1820), t. 1, p. 8.

Errakhma — الرخمة.

♀ ☿ Bône. Donnés par le capitaine Loche.

☿ Tizi Ouzou. Donné par le lieutenant Bonne.

Habitat. Toute l'Algérie.

FAMILLE DES GYPAÈTIDÉS. — GYPAETIDÆ.

SOUS-FAMILLE DES GYPAÈTINÉS. — GYPAETINÆ.

GENRE GYPAÈTE. — GYPAETUS, Storr.

5. GYPAÈTE BARBU. — GYPAETUS BARBATUS.

Gypaetus barbatus, CUV., *Tabl. élém. des anim.* (1797), p. 191. — TEMM., *Man.*, 2ᵉ édit. (1820), t. I, p. 11.

()   Vultur barbatus, LINN., *Syst. nat.*, 12ᵉ édit. (1766), t. 1, p. 43.
    Phène ossifraga, SAVIG., *Syst. des ois. d'Égyp.* (1809), p. 78.

Ogab — العقاب.

♂ Djebel Arib. Donné par le capitaine Loche.

♀ Coléah. Donné par M. le maréchal comte Randon, gouverneur général de l'Algérie.

Habitat. Les trois provinces de l'Algérie.

Ogab ou El Ogab — العقاب est le nom générique donné par les Arabes à tous les Falconidés de grande taille.

FAMILLE DES FALCONIDÉS. — FALCONIDÆ.

SOUS-FAMILLE DES AQUILINÉS. — AQUILINÆ.

GENRE AIGLE. — AQUILA, Briss.

6. AIGLE FAUVE. — AQUILA FULVA.

Aquila fulva, SAVIG., *Syst. des ois. d'Égyp.* (1809), p. 82.
Falco fulvus, LINN., *Syst. nat.*, 12ᵉ édit. (1766), t. I, p. 225.
L'aigle royal et l'Aigle commun, BUFF., pl. enlum., 409 et 410.

El Ogab — العقاب.

♂ Zaccar. Donné par le capitaine Loche.

♀ Djelfa. Donné par le docteur Reboud.

Jeune au nid. Laghouat. Donné par le capitaine Loche.

Habitat. Toute l'Algérie.

7. AIGLE IMPÉRIAL. — AQUILA HELIACA.

Aquila heliaca, SAVIG., *Syst. des ois. d'Égyp.* (1809), p. 82, pl. 12.
Falco imperialis, BECHT., *Tasch. Deut.* (1801), t. III, p. 553; — TEMM., *Man.*, 2ᵉ édit. (1820), t. 1, p. 36.
Aquila imperialis, KEYS et BLAS., *Die Wirbelth.* (1840), p. 30.

El Ogab — العقاب.

Habitat. Ne se rencontre qu'accidentellement en Algérie.

8. AIGLE RAVISSEUR. — AQUILA NÆVIOIDES.

Aquila nævioides, Ch. Bonap., *Consp. av.* (1850), p. 14. sp. 5.
Falco nævioides et Senegalla, Cuv., *Reg. an.* (1829), t. I, p. 326.
Falco rapax, Temm. et Laug., pl. col. 455.
Falco belisarius, Levaillant jun., *Explor. scient. de l'Alg. atl., Ois.*
   pl. 2.

♂ Djelfa. Donné par le docteur Reboud.

Habitat. Les provinces d'Alger et de Constantine.

9. AIGLE CRIARD. — AQUILA NÆVIA.

Aquila nævia, Briss., *Traité d'ornith.* (1760), t. I, p. 425.
Falco nævius, Gmel., *Syst. nat.* (1788), t. I, p. 258. — Lath.; — Temm.
Le petit Aigle, Buff.

♀ Beni Yacoub. Donné par le capitaine Loche.

Habitat. Rencontré accidentellement en Algérie.

GENRE PSEUDAÈTE. — PSEUDAETUS, Hodgs.

10. PSEUDAÈTE BONELLI. — PSEUDAETUS BONELLII.

Pseudaetus Bonellii, Ch. Bonap., *Tabl. des ois. de proie; Rev. et mag.
   de Zool.* (1854), p. 531, sp. 33.
Aquila Fasciata, Vieill., *Mém. de la soc. Linn. de Paris* (1822), 2ᵉ part.,
   p. 152.
Falco Bonellii, Temm., *Man.,* 3ᵉ part. (1835), p. 19.

♂ ♀ Djebel Khobeza et Guechtoula. Donnés par le capitaine
Loche.

Habitat. Toute l'Algérie.

GENRE JERAÈTE. — JERAETUS, Kaup.

11. JERAÈTE BOTTÉ. — JERAETUS PENNATUS (1).

Jeraetus pennatus, Kaup., *Monog. des Falcon.;* — Jardine, *Cont. ornith.*
   (1850), p. 69.

____

(1) Nous avons capturé dans les gorges de la Chiffa un individu de cette espèce
que nous conservons vivant.

O   Falco pennatus, Gmel., *Syst. nat.* (1788), t. I, p. 272.
Vulgairement *Aigle botté*.

Habitat. La province d'Alger.

GENRE PYGARGUE. — HALIÆTUS, Savig.

12. PYGARGUE ORDINAIRE. — HALIÆTUS ALBICILLA.

Haliætus albicilla, Ch. Bonap., *Birds*. (1838), p. 3, sp. 11.
Vultur albicilla, Linn., *Syst. nat.*, 12ᵉ édit. (1766), t. I, p. 123, et Falco
ossifragus, *id.*, op. p. 124.
Aquila albicilla et ossifraga, Briss., *Ornith.* (1760), t. I, p. 427 et 437.
Falco albicilla, Temm., *Man.*, 2ᵉ édit. (1820), t. 1, p. 49.
Le grand Aigle de mer et l'Orfraie, Buff., pl. enlum., 412 et 415.

Habitat. N'a été rencontré qu'accidentellement en Algérie.

GENRE BALBUSARD. — PANDION, Savig.

13. BALBUSARD FLUVIATILE. — PANDION HALIÆTUS.

Pandion haliætus, Ch. Bonap., *Birds*. (1838), p. 3.
Falco haliætus, Linn., *Syst. nat.* (1766), t. I, p. 129; — Lath.; —
Temm.
Aquila marina, Briss., *Ornith.*, t. I, p. 440.
Le Balbusard, Buff., pl. enlum., 414.

Bou Khatem — بوخاتم.

ඊ Oued Boutan. Donné par le capitaine Loche.

Habitat. Se rencontre dans la province d'Alger, particulièrement en septembre.

GENRE CIRCAÈTE. — CIRCAETUS, Vieill.

14. CIRCAÈTE JEAN LE BLANC. — CIRCAETUS GALLICUS.

Circaetus gallicus, Vieill., *Dict. d'hist. nat.* (1817), t. VIII, p. 137.
O   Falco gallicus, Gmel., *Syst. nat.* (1788), t. I, p. 259.
Falco brachydactyla, Temm., *Man.*, 2ᵉ édit. (1820), t. 1, p. 46.
Le Jean le blanc, Buff., pl. enlum., 413.

El Ogab — العقاب.

♂ Boghar. Donné par le capitaine Loche.

Habitat. Les trois provinces de l'Algérie.

SOUS-FAMILLE DES BUTÉONINÉS. — BUTEONINÆ.

GENRE BUSE. — BUTEO, Cuv.

15. BUSE VULGAIRE. — BUTEO CINEREUS.

Buteo cinereus, CH. BONAP., *Tabl. des ois. de proie* (1854), sp. 64.
O   Falco buteo, LINN.; GMEL.; LATH.; MEY et WOLF.; TEMM.
Buteo mutans et fasciatus, VIEILL., *Nouv. dict. d'hist. nat. et Faune fr.,*
p. 17 et 18.
Buteo vulgaris, RAY, *Synops* (1713), SCHLEG. ; DEGL.
La Buse, BUFF., pl. enlum. 419.

♀ Sidi Moussa. Donné par le capitaine Loche.

Habitat. Toute l'Algérie.

16. BUSE D'ALGÉRIÉ. — BUTEO CIRTENSIS.

Buteo cirtensis, CH. BONAP., *Tabl. des ois. de proie* (1854), sp. 67. (Nec
Leucurus Naum.)
O   Falco cirtensis, LEVAILLANT jun., *Explor. scient. de l'Alg. All., Ois.,*
pl. 3.

Habitat. Les provinces d'Alger et de Constantine.

SOUS-FAMILLE DES FALCONINÉS. — FALCONINÆ.

GENRE FAUCON. — FALCO, Linn.

17. FAUCON COMMUN. — FALCO COMMUNIS.

Falco communis et peregrinus, BRISS., *Ornith.* (1760), t. I, p. 341.
O   Falco peregrinus, LATH.; MEY et WOLF; TEMM., auct.
Le Faucon commun, BUFF., pl. enlum. 421.

Taïr el Hor — طير الحر.

♂ Saoula. Donné par le capitaine Loche.

Habitat. Les trois provinces de l'Algérie.

GENRE LANIER. — GENNAJA, Kaup.

18. LANIER SACRÉ. — GENNAJA SACRA.

Gennaja sacra, CH. BONAP., *Tabl. des ois. de proie* (1854), sp. 148.
Falco sacer, BELON, 2e *liv. de la nat. des ois.* (1555), p. 110.
Falco sacer, LEVAILLANT jun., *Explor. scient. de l'Alg. atl., Ois.*, pl. I, B.

Taïr el Hor — طير الحر.

♂ Biskara. Donné par le capitaine Loche.

Habitat. Le sud de l'Algérie.

19. LANIER VULGAIRE. — GENNAJA LANARIUS.

Gennaja lanarius, CH. BONAP., *Tabl. des ois. de proie* (1854), sp. 150.
Falco feldeggi, SCHLEG., *Fauc.*, fig. Pulcher.

Taïr el Hor — طير الحر.

Habitat. De passage accidentel en Algérie.

20. LANIER DE BARBARIE. — GENNAJA BARBARA.

Gennaja barbara, CH. BONAP., *Tab. des ois. de proie* (1854), sp. 151.
Falco barbarus, LINN., *Syst. nat.*, 13e édit. (1788), t. I, p. 272.
Falco punicus, LEVAILLANT jun., *Explor. scient. de l'Alg. atl., Ois.*, pl. 1, jun.

Taïr el Hor — طير الحر.

♀ Laghouat. Donné par le capitaine Loche.

Habitat. Le sud de l'Algérie.

GENRE HOBEREAU. — HYPOTRIORCHIS, Boie.

21. HOBEREAU ÉLÉONORE. — HYPOTRIORCHIS ELEONORÆ.

Hypotriorchis Eleonoræ, CH. BONAP., *Tabl. des ois. de proie* (1854), sp. 156.
Falco Eleonoræ, GÉNÉ, *Mem. dell. Acad. di Torin.* (1840), t. I et II.
Falco Arcadicus, LINDERMAY, *Ois. de Grèce, Isis* (1843), p. 330, t. I.

Habitat. La province de Constantine.

Les Arabes comprennent sous la désignation de Taïr el Hor —
طير الحر tous les Falconinés qu'ils dressent pour la chasse; les
autres n'ont pas d'appellation spéciale.

22. HOBEREAU CONCOLORE. — HYPOTRIORCHIS CONCOLOR.

Hypotriorchis concolor, Ch. Bonap., *Tabl. des ois. de proie* (1854),
sp. 157.
Falco concolor, Temm.; — *Susmihl*, t. LIII et LIV.

Habitat. La province de Constantine.

23. HOBEREAU COMMUN. — HYPOTRIORCHIS SUBBUTEO.

Hypotriorchis subbuteo, Ch. Bonap., *Tabl. des ois. de proie* (1855),
sp. 160.
O Falco subbuteo. Linn., *Syst. nat.*, 12e édit. (1766), t. I, p. 127.
Le Hobereau, Buff., pl. enlum. 422.

Birkadem. Donné par le capitaine Loche.

Habitat. Les trois provinces de l'Algérie.

GENRE EMÉRILLON. — ÆSALON, Gr.

24. ÉMÉRILLON ORDINAIRE. — ÆSALON LITHOFALCO.

Æsalon lithofalco, Ch. Bonap., *Tabl. des ois. de proie* (1854), sp. 164.
O Lithofalco et Æsalon, Briss., *Ornith.* (1760), t. I, p. 349 et 382; mâle et
femelle.
Falco Æsalon et Lithofalco, Gmel., *Syst. nat.* (1788), p. 284 et 278.
Falco smerillus, Savig., *Syst. des ois. d'Égypte* (1809), p. 100.
L'Émérillon et le Rochier, Buff., pl. enlum. 447 et 448.

♂ Birkadem. Donné par le capitaine Loche.

Habitat. Toute l'Algérie.

GENRE CRESSERELLE. — TINNUNCULUS, Vieill.

25. CRESSERELLE VULGAIRE. — TINNUNCULUS ALAUDARIUS.

Tinnunculus alaudarius, Ch. Bonap., *Tabl. des ois. de proie* (1854),
sp. 168.

Accipiter alaudarius, Briss., *Ornith.* (1760), t. I, p. 379.
O   Falco tinnunculus, Linn., *Syst. nat.* (1766), t. I, p. 127.
      · La Cresserelle, Buff., pl. enlum. 471.

♂♀ Birkadem. Donnés par le capitaine Loche.

Habitat. Toute l'Algérie.

26. CRESSERELLE CRESSERELLETTE. — TINNUNCULUS CENCHRIS.

Tinnunculus cenchris, Ch. Bonap., *Tabl. des ois. de proie* (1854), sp. 179.
Falco tinnunculoides, Temm., *Man.*, 2ᵉ édit. (1820), t. I, p. 31.
Falco cenchris, Naum., voy. *Deut.*, t. I, p. 318.

♂ Boghar. Donné par le capitaine Loche.

Habitat. Le sud de l'Algérie.

GENRE KOBEZ. — ERYTHROPUS, Brehm.

27. KOBEZ A PIEDS ROUGES. — ERYTHROPUS VESPERTINUS.

O   Erytropus vespertinus, Ch. Bonap., *Tabl. des ois. de proie* (1854), sp. 187.
      Falco vespertinus, Linn., *Syst. nat.*, 12ᵉ édit. (1766), t. I, p. 182.
      Falco rufipes Beseke, voy. *Kurlands*, p. 13.

♂♀ Staouéli. Donnés par le capitaine Loche.

Habitat. La province d'Alger.

SOUS-FAMILLE DES ACCIPITRINÉS. — ACCIPITRINÆ.

GENRE AUTOUR. — ASTUR, Becht.

28. AUTOUR ORDINAIRE. — ASTUR PALUMBARIUS.

Astur Palumbarius, Ch. Bonap., *Tabl. des ois. de proie* (1854), sp. 228.
Falco Palumbarius, Linn., *Syst. nat.*, 12ᵉ édit. (1766), t. I, p. 130.
Dedalion Palumbarius, Savig., *Syst. des ois. d'Égyp.*, p. 94.
L'Autour, Buff., pl. enlum. 418.

Habitat. Se rencontre accidentellement en Algérie.

GENRE ÉPERVIER. — ACCIPITER, Briss.

29. ÉPERVIER VULGAIRE. — ACCIPITER NISUS.

Accipiter nisus, CH. BONAP., *Birds* (1838) *et Tabl. des ois. de proie* (1854),
sp. 253.
()   Falco nisus, LINN., *Syst. nat.*, 12ᵉ édit. (1766), t. I, p. 130.
L'Épervier, BUFF., pl. enlum. 467, mâle adulte, et 412, vieille femelle.

♂ Aïn Benian. Donné par le capitaine Loche.

Habitat. Les trois provinces de l'Algérie.

1. Major ?

ACCIPITER MAJOR.

Falco nisus major, BECK. et MEISS, Vog. der Schew., p. 21, d'après TEMM.,
Man., 3ᵉ part. (1835), p. 29.
()   Astur major, DEGL., *Ornith., Eur.* (1849), t. I, p. 86, sp. 28.

♀ Aïn Benian. Donné par le capitaine Loche.

Habitat. Les mêmes localités que le précédent.

SOUS-FAMILLE DES MILVINÉS. — MILVINÆ.

GENRE MILAN. — MILVUS, Briss.

30. MILAN ROYAL. — MILVUS REGALIS.

Milvus regalis, BRISS., *Ornith.* (1760), t. I, p. 413.
()   Falco milvus, LINN., *Syst. nat.*, 12ᵉ édit. (1766), t. I, p. 126.
Milvus ictinus, SAVIG., *Syst. des oiseaux d'Égyp.* (1809), p. 88.
Le Milan royal, BUFF., pl. enlum. 422.

Essaf — السقوب et Siouna — سيوانة au Maroc.

♂ Aïn Benian. Donné par le capitaine Loche.

Habitat. Toute l'Algérie.

31. MILAN NOIR. — MILVUS NIGER.

Milvus niger. Briss., *Ornith.* (1760), t. I, p. 413.
Falco ater, Gmel., *Syst. nat.* (1788), t. I, p. 262.
O   Milvus ætolius, Vieill., *Nouv. Dict. d'Hist. nat.* (1818), t. XX, p. 562.
Le Milan noir, Buff., pl. enlum. 472.

♂ Sidi Ferruch. Donné par le capitaine Loche.

Essaf — السلاوب.

Habitat. Les trois provinces de l'Algérie.

32. MILAN ÉGYPTIEN. — MILVUS ÆGYPTIUS.

Milvus Ægyptius, Gray, *List. B. Brit. mus.* (1848), p. 44 et gen. birds. fol.
   app. p. 2.
O   Falco ægyptius et Forskali, Gmel., *Syst. nat.* (1788), t. I, p. 261 et 263.
Falco Forskali, Lath., *Ind. Ornith.* (1790), p. 20.
Milvus Forskali, Strickl., *Orn. syn.* (1855), I, p. 134, sp. 225.

Essaf — السلاوب.

♂ Jeune. Fouka. Donné par le capitaine Loche.

Habitat. La province d'Alger.

GENRE ELANION. — ELANUS, Savig.

33. ELANION BLAC. — ELANUS CERULEUS.

Elanus cæruleus, Desfontaines d'ap. Ch. Bonap., *Cat. Parzud.* (1856)
   p. 2, sp. 37.
Falco melanopterus, Lath., *Ind. Ornith., Suppl.* (1806), p. 6.
Elanus cæsius, Savig., *Syst. des ois. d'Égyp.* (1809), p. 98.

♂ Douéra. Donné par le capitaine Loche.

Habitat. Les provinces d'Alger et de Constantine.

SOUS-FAMILLE DES CIRCINÉS. — CIRCINÆ.

GENRE BUSARD. — CIRCUS, Lacépède.

34. BUSARD DES MARAIS. — CIRCUS ÆRUGINOSUS.

Circus æruginosus, Ch. Bonap., *Birds* (1838), p. 5.

Falco æruginosus, Linn., *Syst. nat.*, 12ᵉ édit. (1766), t. I, p. 130.
Le Harpage et le Busard des marais, Buff., pl. enlum. 460, 423 et 424.

♂ Jun. Mitidja. Donné par le capitaine Loche.

Habitat. Toute l'Algérie.

GENRE STRIGICEPS. — STRIGICEPS, Ch. Bonap.

35. STRIGICEPS MONTAGU. — STRIGICEPS CINERACEUS.

Strigiceps cineraceus, Ch. Bonap., *Birds* (1838), p. 5.
Falco cineraceus, Montag., *Trans. of the Linn. Soc.*, t. XI, p. 188.
Circus Montagui, Vieill., *Nouv. Dict. d'Hist. nat.* (1819), t. XXXI,
    p. 411.

Habitat. La province d'Alger.

36. STRIGICEPS PALE. — STRIGICEPS SWAINSONI.

Strigiceps Swainsoni, Ch. Bonap., *Consp. av.* (1850), p. 35, sp. 8.
Falco æquipar, Cuv., *Ann. du mus.* (1822).
Circus pallidus, Sykes, *Proced. of the zool. soc.* (1832).

♂ Crescia. Donné par le capitaine Loche.

Habitat. La province d'Alger.

37. STRIGICEPS SAINT-MARTIN. — STRIGICEPS CYANEUS.

Strigiceps Cyaneus, Ch. Bonap., *Conspect. av.* (1850), p. 35, sp. 6.
Falco Cyaneus, Linn., *Syst. nat.*, 12ᵉ édit. (1766), t. I, p. 226.
Circus Pygargus et Cyaneus, Cuv., *Règn. anim.*, 2ᵉ édit. (1829), t. 1,
    p. 337.
L'Oiseau Saint-Martin, Buff., pl. enlum. 459 et 480.

♂ Djelfa. Donné par M. le docteur Reboud.

♀ Bouffarik. Donné par le capitaine Loche.

Habitat. Toute l'Algérie.

FAMILLE DES STRIGIDÉS. — STRIGIDÆ.

SOUS-FAMILLE DES STRIGINÉS. — STRIGINÆ.

GENRE EFFRAIE. — STRIX, Linn.

38. EFFRAIE COMMUNE. — STRIX FLAMMEA.

Strix flammea, Linn., *Syst. nat.*, 12ᵉ édit. (1766), t, I, p. 133.
O   L'Effraie ou Fressaie, Buff., pl. enlum. 440.

♂ ♀ Maison Carrée. Donnés par le capitaine Loche.

Habitat. Toute l'Algérie.

GENRE CHOUETTE. — SYRNIUM, Savig.

39. CHOUETTE HULOTTE. — SYRNIUM ALUCO.

Syrnium aluco, Savig., *Syst. des ois. d'Égyp.* (1809), p. 112.
O   Strix aluco et stridula, Linn., *Syst. nat.*, 12ᵉ édit. (1766), t. I, p. 132
     et 133.
    Chouette hulotte et Chat-Huant, Buff., pl. enlum. 441 et 437.

Bourourou — بورورو .

♂ Zaccar. Donné par le capitaine Loche.

Habitat. Toutes les parties boisées de l'Algérie.

SOUS-FAMILLE DES ULULINÉS. — ULULINÆ.

GENRE HIBOU. — OTUS, Cuv.

40. HIBOU COMMUN. — OTUS VULGARIS.

Otus vulgaris, Flemm., d'après Ch. Bonap., *Birds* (1838), p. 7.
Strix otus, Linn., *Syst. nat.*, 12ᵉ édit. (1766), t. I, p. 132.
Le Hibou ou moyen Duc, Buff., pl. enlum. 429.

♂ Birkadem. Donné par le capitaine Loche.

Habitat. Toute l'Algérie.

GENRE BRACHYOTE. — **BRACHYOTUS**, Boie.

41. BRACHYOTE ORDINAIRE. — BRACHYOTUS ÆGOLIUS.

Brachyotus ægolius, Cn. Bonap., *Tabl. des ois. de proie* (1854), sp. 343.
Strix ægolius, Ulula et Accipitrina, Pall., voy. (1776).
Strix brachyotos, Forster., *Phil. transact.*, t. LXII, p. 284.

♂ Rovigo. Donné par le capitaine Loche.

♀ Fort de l'Eau. Donné par M. Seckel.

Habitat. Toute l'Algérie.

GENRE PHASMOPTYNX. — **PHASMOPTYNX**, Kaup.

42. PHASMOPTYNX CAPENSIS (race d'Alger). — *a.* TINGITANUS.

Phasmoptynx capensis. A. Tingitanus, Cn. Bonap., *Cat. Parzud.* (1856),
p. 2, sp. 49.

♂ Maison Carrée. Donné par le capitaine Loche.

Habitat. Accidentellement dans la province d'Alger

GENRE GRAND-DUC. — **BUBO**, Cuv.

43. GRAND-DUC VULGAIRE. — BUBO MAXIMUS.

Bubo maximus, Cn. Bonap., *Birds* (1838), p. 6.
Strix bubo, Linn., *Syst. nat.*, 12e édit. (1766), t. I, p. 131.
Le Grand-Duc, Buff., pl. enlum. 435.

♂ Teniet el Haad. Donné par le capitaine Loche.

Habitat. Les montagnes boisées de l'Algérie.

GENRE ASCALAPHE. — **ASCALAPHIA**, Is. Geoff.

44. ASCALAPHE SAVIGNY. — ASCALAPHIA SAVIGNYI.

Ascalaphia Savignyi, Is. Geoff. St-Hil., *Expéd. Égyp. Ois.*, t. III, 2.
Bubo Ascalaphus, Savic., *Syst. des ois. d'Égyp.* (1809), p. 110.

♀ Boucada. Donné par le capitaine Loche.

Habitat. Les montagnes boisées de l'Algérie.

SOUS-FAMILLE DES SURNINÉS. — SURNINÆ.

GENRE SCOPS. — SCOPS, Savig.

45. SCOPS ORDINAIRE. — SCOPS ZORCA.

Scops zorca, Ch. Bonap., *Consp. av.* (1850), p. 47, sp. 15.
Strix scops, Linn., *Syst. nat.*, 12ᵉ édit. (1766), t. I, p. 132.
O   Scops ephialtes, Savig., *Syst. des ois. d'Égyp.* (1809), p. 107.
Scops europæus, Less., *Traité d'ornithol.* (1831), p. 106.
Le Scops ou petit Duc, Buff., pl. enlum. 436.

؟ Drariah. Donné par le capitaine Loche.

Habitat. Toute l'Algérie.

GENRE CHEVÊCHE. — ATHENE, Boie.

46. CHEVÊCHE MÉRIDIONALE. — ATHENE PERSICA.

Athene persica, Ch. Bonap., *Tabl. des ois. de proie* (1854), p. 15,
sp. 415.
O   Strix numida, Levaillant jun., *Explor. scient. de l'Alg. all.*, Ois,
pl. 4.

Mouka — موكة et Iouka — يوكة

؟ ؛ Milianah et Djebel Ferrah. Donnés par le capitaine Loche.

Habitat. Toute l'Algérie.

ORDRE DES PASSEREAUX. — PASSERES.

TRIBU DES OSCINÉS. — OSCINES.

Section des Cultrirostres. — Cultrirostres.

FAMILLE DES CORVIDÉS. — CORVIDÆ.

SOUS-FAMILLE DES CORVINÉS. — CORVINÆ.

GENRE CORBEAU. — CORVUS, Linn.

47. CORBEAU ORDINAIRE. — CORVUS CORAX.

Corvus corax, Linn., *Syst. nat.*, 12ᵉ édit. (1766), t. I, p. 155.

Corvus maximus, Scopol., *Del. Faun. ins.*
O   Le Corbeau, Buff., pl. enlum. 495.

El Ghorab — الغراب.

*   Djebel Zaccar. Donné par le capitaine Loche.

Habitat. Toute l'Algérie.

SOUS-GENRE CORNEILLE. — CORONE, Kaup.

48. CORNEILLE NOIRE. — CORVUS CORONE.

Corvus corone, Linn., *Syst. nat.*, 12ᵉ édit. (1766), t. I, p. 155.
La Corbine ou Corneille noire, Buff., pl. enlum. 495.

Habitat. De passage dans la province d'Alger.

49. CORNEILLE MANTELÉE. — CORVUS CORNIX.

Corvus cornix, Linn., *Syst. nat.*, 12ᵉ édit. (1766), t. I, p. 156.
Cornix cinerea, Briss., *Ornith.* (1760), t. II, p. 19.
La Corneille mantelée, Buff., pl. enlum. 76.

Habitat. Accidentellement dans la plaine du Chélif.

SOUS-GENRE FREUX. — TRYPANOCORAX, Ch. Bonap.

50. FREUX VULGAIRE. — TRYPANOCORAX FRUGILEGUS.

Trypanocorax frugilegus, Ch. Bonap., *Ann. des scienc. nat.* (1854), vol. I,
    p. 113, et *Cat. Parzud.*, p. 3, sp. 61.
Corvus frugilegus, Linn., *Syst. nat.*, 12ᵉ édit. (1766), t. I, p. 156.
Le Freux ou Frayonne, Buff., pl. enlum. 484.

*   Plaine du Chélif. Donné par le capitaine Loche.

Habitat. De passage en Algérie.

GENRE CHOUCAS. — MONEDULA, Brehm.

51. CHOUCAS VULGAIRE. — MONEDULA TURRIUM.

Monedula turrium, Brehm. d'après Ch. Bonap., *Cat. Parzud.* (1856), p, 3,
    sp. 62.

O   Corvus monedula, LINN., *Syst. nat.*, 12ᵉ édit. (1766), t. I, p. 156.
     Le Choucas, BUFF., pl. enlum. 523.

♀ Aïn Sultan. Donné par le capitaine Loche.

Habitat. La province d'Alger.

SOUS-FAMILLE DES FRÉGILINÉS. — FREGILINÆ.

GENRE CRAVE. — FREGILUS, Cuv.

52. CRAVE CORACIAS. — FREGILUS GRACULUS.

Fregilus graculus, G. CUV., *Règne anim.*, 2ᵉ édit. (1829), t. I, p. 438.
Corvus graculus, LINN., *Syst. nat.*, 12ᵉ édit. (1766), t. I, p. 158.
O   Coracia graculus, DEGL., *Ornith. eur.* (1849), t. I, p. 324, sp. 143.
     Le Coracias, BUFF., pl. enlum. 255.

O'grieb Sara — غريب صارة.

♂ Djelfa. Donné par le capitaine Loche.

Habitat. Les hautes montagnes de l'Algérie.

FAMILLE DES GARRULIDÉS. — GARRULIDÆ.

SOUS-FAMILLE DES GARRULINÉS. — GARRULINÆ.

A. **Picaceæ.**

GENRE PIE. — PICA, Briss.

53. PIE DE MAURITANIE. — PICA MAURITANICA.

Pica Mauritanica, MALHERBE, *Mém. de la Soc. d'hist. nat. de Metz* (1842),
   Catal. des ois. de l'Algérie, p. 7.
Pica Mauritanica (MALH.), LEVAILLANT jun., *Explor. scient. de l'Algérie atl.*,
   Ois., pl. 8.

El Agaag — العقاقة.

♂ Beni Sliman. Donné par le capitaine Loche.

Habitat. Les trois provinces de l'Algérie.

B. **Garruleæ.**

GENRE GEAI. — GARRULUS, Briss.

54. GEAI CERVICAL. — GARRULUS CERVICALIS.

Garrulus cervicalis, Ch. Bonap., *Compt. rend. de l'Acad. des sciences* (1854),
    t. XXXVII, p. 828.
()   Garrulus atricapillus (Is. Geoffr.), Levaillant jun., *Explor. scient. de
    l'Algérie atl., Ois.,* pl. 6.

Djirire — جيغيغ et Derraz au Maroc — دّراز.

  Zaccar. Donnés par le capitaine Loche.

Habitat. Les trois provinces de l'Algérie.

55. GEAI MINULE. — GARRULUS MINOR.

Garrulus minor, Jules Verreaux, *Rev. et mag. de zool.* (1857), p. 439,
    pl. 14.

  Djelfa. Donné par le capitaine Loche (1).

Habitat. Le sud de la province d'Alger.

FAMILLE DES STURNIDÉS. — STURNIDÆ.

SOUS-FAMILLE DES STURNINÉS. — STURNINÆ.

GENRE ÉTOURNEAU. — STURNUS, Linn.

56. ÉTOURNEAU VULGAIRE. — STURNUS VULGARIS.

Sturnus vulgaris, Linn., *Syst. nat.*, 12ᵉ édit. (1766), t. 1, p. 290.
()   Sturnus varius, Mey et Wolf, *Tasch. der Deuts.* (1810), t. 1, p. 108.
    L'Etourneau ou le Sansonnet, Buff., pl. enlum. 75.

Zerzour — زرزور.

  Lac Halloula. Donné par le capitaine Loche.

Habitat. Les trois provinces de l'Algérie.

---

(1) Cette nouvelle espèce a été décrite par M. Jules Verreaux, et figurée dans la
Revue zoologique sur l'individu type, dont nous avons fait hommage à l'Exposition permanente d'Alger, et que nous lui avions communiqué.

57. ÉTOURNEAU UNICOLORE. — STURNUS UNICOLOR.

Sturnus unicolor, De la Marmora, *Mém. dell' Acad. di Torino* (1819).
Sturnus vulgaris unicolor, Schleg., *Rev. crit.* (1844), p. 57.

Zerzour — زرزور.

♂ Lac Halloula. Donné par le capitaine Loche.

Habitat. Se rencontre accidentellement en Algérie.

GENRE MARTIN. — PASTOR, Temm.

58. MARTIN ROSELIN. — PASTOR ROSEUS.

Pastor roseus, Temm., *Man.*, 2ᵉ édit. (1820), t. I, p. 236.
Turdus roseus, Linn., *Syst. nat.*, 12ᵉ édit. (1766), t. I, p. 294.
Le Merle couleur de rose, Buff., pl. enlum. 251.

♀ Médéah. Donné par le capitaine Loche.

Habitat. De passage accidentel en Algérie.

Section des Conirostrés. — Conirostres.

FAMILLE DES FRINGILLIDÉS. — FRINGILLIDÆ.

SOUS-FAMILLE DES PASSERINÉS. — PASSERINÆ.

GENRE MOINEAU. — PASSER, Briss.

59. MOINEAU DOMESTIQUE. — PASSER DOMESTICUS.

Passer domesticus, Briss., *Ornith.* (1760), t. III, p. 72.
Fringilla domestica, Linn., *Syst. nat.*, 12ᵉ édit. (1766), t. I, p. 323.
Pyrgita domestica, Cuv., *Règne anim.*, 2ᵉ édit. (1829), t. I, p. 439.
Le Moineau, Buff., pl. enlum. 6, fig. 1.

Zaouch — زاوش et au Maroc Borthal — برطل.

♂ Alger. Donné par le capitaine Loche.

Habitat. Les trois provinces de l'Algérie.

A. **Tingitanus.**

Passer domesticus. *a.* Tingitanus, Cᴴ. Bᴏɴᴀᴘ., *Cat. Parzud.* (1856), p. 18, sp. 12.

⁛ Var. acc. Alger. Donnés par le capitaine Loche.

Habitat. Les trois provinces de l'Algérie.

60. MOINEAU ITALIEN. — PASSER ITALIÆ.

Passer Italiæ, Cᴴ. Bᴏɴᴀᴘ., *Crit. sur Degl.* (1850), p. 167, sp. 266.
Fringilla Italiæ, Vɪᴇɪʟʟ., *Dict. d'hist. nat.* (1818), t. 12, p. 199.
Fringilla cisalpina, Tᴇᴍᴍ., *Man.*, 2ᵉ édit. (1820), t. I, p. 351.

Zaouch. — زاوش.

᛫ Guellabou. Donné par le baron de Vèze.

᛫ Variété albine. Guellabou. Donné par le baron de Vèze.

Habitat. Se rencontre dans la province d'Alger.

61. MOINEAU ESPAGNOL. — PASSER SALICICOLA.

Passer salicicola, Cᴴ. Bᴏɴᴀᴘ., *Cat. Parzud.* (1856), p. 3, sp. 77.
Passer salicarius, Vɪᴇɪʟʟ,, *Faun. Fr.* — Sᴄʜʟᴇɢ., *Rev. crit.* (1844), p. 64.
◯   Fringilla hispaniolensis, Tᴇᴍᴍ., *Man.*, 2ᶜ édit. (1820), t. I, p. 353.
Passer hispaniolensis, Dᴇɢʟ., *Ornith. eur.* (1849), t. I, p. 259.
Fringilla sardoa, Sᴀᴠɪ.

Zaouch — زاوش.

᛫ Mers el Aïn. Donné par le capitaine Loche.

Habitat. Les trois provinces de l'Algérie.

GENRE FRIQUET. — PYRGITA, Cuv.

62. FRIQUET VULGAIRE. — PYRGITA MONTANA.

Pyrgita montana, Cᴴ. Bᴏɴᴀᴘ., *Birds* (1838), p. 31.
◯   Fringilla montana, Lɪɴɴ., *Syst. nat.*, 12ᶜ édit. (1766), t. I, p. 324.
Passer campestris, Bʀɪss., *Ornith.*, t. III, p. 82.
Le Friquet, Bᴜꜰꜰ., pl. enlum. 267, fig. 1.

Habitat. La province d'Alger.

GENRE COROSPIZA. — COROSPIZA, Ch. Bonap.

63. COROSPIZA SIMPLE. — COROSPIZA SIMPLEX.

Corospiza simplex, Ch. Bonap., *Consp. av.* (1850), p. 511.
Fringilla simplex, Licht., nec Sw.; Temm., pl. col. 358, fig. 1 et 2.

Gardheia. Donné par le capitaine Loche.

Habitat. Le M'zab.

SOUS-FAMILLE DES FRINGILLINÉS. — FRINGILLINÆ.

A. Fringilleæ.

GENRE GROS-BEC. — COCCOTHRAUSTES, Briss.

64. GROS-BEC VULGAIRE. — COCCOTHRAUSTES VULGARIS.

Coccothraustes vulgaris, Vieill., *Dict. d'hist. nat.* (1817), t. XIII, p. 519,
et *Faun. Fr.*, p. 67.
Loxia coccothraustes, Linn., *Syst. nat.*, 12e édit. (1766), t. I, p. 299.
Coccothraustes europæus et atrigularis, Selby, *Brit. Ornith.* (1833).
Le Gros-Bec, Buff., pl. enlum. 99, le mâle; 100, la femelle.

Milianah. Donné par le capitaine Loche.

Habitat. Les trois provinces de l'Algérie.

GENRE PINSON. — FRINGILLA, Linn.

65. PINSON D'ARDENNES. — FRINGILLA MONTIFRINGILLA.

Fringilla montifringilla, Linn., *Syst. nat.*, 12e édit. (1766), t. I, p. 318.
Fringilla flammea, Beseck, nec Retz.
Le Pinson d'Ardennes, Buffon, pl. enlum. 54, fig. 2.

Milianah. Donné par le capitaine Loche.

Habitat. Les trois provinces de l'Algérie.

66. PINSON AUX JOUES GRISES. — FRINGILLA SPODIOGENA.

Fringilla spodiogena, Ch. Bonap., *Revue et mag. de zool.* (1841), p. 146,
sp. 2.

O   Fringilla cœlebs, Var., Malh., *Faun. de l'Alg.*, p. 21.
Fringilla Africana, Levaillant jun., *Explor. scient. de l'Alg.*, pl. 7, fig. 1, mâle; fig. 2, femelle.

Aïn Benian. Donné par le capitaine Loche.

Habitat. Les trois provinces de l'Algérie.

GENRE SOULCIE. — PETRONIA, Kaup.

67. SOULCIE VULGAIRE. — PETRONIA STULTA.

Petronia stulta, Strickl. d'après Ch. Bonap., *Cat. Parzud.* (1856), p. 3, sp. 83.
O   Fringilla petronia, Linn., *Syst. nat.*, 12ᵉ édit. (1766), t. I, p. 322.
Petronia rupestris, Ch. Bonap., *Birds* (1838), p. 30.
La Soulcie ou Moineau des bois, Buff., pl. enlum. 225.

Milianah. Donné par le capitaine Loche.

Habitat. Les trois provinces de l'Algérie.

GENRE VERDIER. — CHLOROSPIZA, Ch. Bonap.

68. VERDIER ORDINAIRE. — CHLOROSPIZA CHLORIS.

Chlorospiza chloris, Ch. Bonap., *Birds* (1838), p. 30.
O   Loxia chloris, Linn., *Syst. nat.*, 12ᵉ édit. (1766), t. I, p. 304.
Fringilla chloris, Temm., *Man.*, 2ᵉ édit. (1820), t. II, p. 354.
Le Verdier, Buff., pl. enlum. 267, fig. 2.

Taza. Donné par le capitaine Loche.

Habitat. Toute l'Algérie.

B. Cardueleæ.

GENRE TARIN. — CHRYSOMITRIS, Boie.

69. TARIN VULGAIRE. — CHRYSOMITRIS SPINUS.

Chrysomitris spinus, Boie, *Isis* (1828), p. 322.
Fringilla spinus, Linn., *Syst. nat.*, 12ᵉ édit. (1766), t. I, p. 322.
Carduelis spinus, Degl., *Ornith. eur.* (1849), t. I, p. 227, sp. 92.
Le Tarin, Buff., pl. enlum. 485.

Saint-Eugène. Donné par le capitaine Loche.

Habitat. De passage irrégulier en Algérie.

GENRE CHARDONNERET. — CARDUELIS, Briss.

70. CHARDONNERET ÉLÉGANT. — CARDUELIS ELEGANS.

Carduelis elegans, STEPH., *Gen. zool:* (1826); — CH. BONAP., *Birds* (1838), p. 33.
Fringilla Carduelis, LINN., *Syst. nat.* (1766), t. 1, p. 318.
Le Chardonneret, BUFF., pl. enlum. 4, fig. 1.

Moknin — مقنين.

Mustapha. Donné par le capitaine Loche.

Habitat. Les trois provinces de l'Algérie.

C. Serineæ.

GENRE VENTURON. — CITRINELLA, Ch. Bonap.

71. VENTURON ORDINAIRE. — CITRINELLA ALPINA.

Citrinella alpina, CH. BONAP., *Crit. sur Degl.* (1850), p. 168, sp. 272, et *Consp. av.*, p. 520, sp. 3.
Fringilla citrinella, LINN., *Syst. nat.*, 12e édit. (1766), t. I, p. 320.
Cannabina citrinella, DEGL., *Ornith. eur.* (1849), t. I, p. 234, sp. 95.
Le Venturon de Provence, BUFF., pl. enlum. 652, fig. 2, mâle.

La Calle. Donné par le capitaine Loche.

Habitat. Se rencontre accidentellement en Algérie.

GENRE SERIN. — SERINUS, Koch.

72. SERIN CINI. — SERINUS MERIDIONALIS.

Serinus meridionalis, CH. BONAP., *Birds* (1838), p. 34.
Fringilla serinus, LINN., *Syst. nat.*, 12e édit. (1766), t. I, p. 320.
Pyrrhula serinus, KEYS. et BLAS., *Die Wirbelth.* (1840), p. 40.
Le Cini et le Serin de Provence, BUFF., pl. enlum. 658, fig. 1, mâle.

Crescia. Donné par le capitaine Loche.

Habitat. La province d'Alger.

SOUS-FAMILLE DES LOXINÉS. — LOXINÆ.

A. **Loxieæ.**

GENRE BEC CROISÉ. — **LOXIA**, Briss.

73. BEC CROISÉ VULGAIRE. — LOXIA CURVIROSTRA.

Loxia curvirostra, LINN., *Syst. nat.*, 12ᵉ édit. (1766), t. I, p. 299.
Le Bec croisé, BUFF., pl. enlum. 218.

Djelfa. Donné par le capitaine Loche.

Habitat. Se rencontre accidentellement en Algérie.

B. **Carpodaceæ.**

GENRE RHODOPECHYS. — **RHODOPECHYS**, Cab.

74. RHODOPECHYS PHOENICOPTÈRE. — RHODOPECHYS PHOENICOPTERA.

Rhodopechys phœnicoptera, CH. BONAP , *Cat. Parzud.* (1856), p. 4, sp. 102.
Erythrospiza phœnicoptera, CH. BONAP., *Consp. av.*, p. 535, sp. 2.
—   —   CH BONAP. et SCHLEG., *Monog. des Loxiens*, tab. 30.

Habitat. Les parties les plus méridionales de l'Algérie.

GENRE BUCANÈTES. — **BUCANETES**, Cab.

75. BUCANÈTES GYTHAGINE. — BUCANETES GYTHAGINEUS.

Bucanetes gythagineus, CH. BONAP., *Cat. Parzud.* (1856), p. 4, sp. 103
Pyrrhula Payraudæi, AUDOUIN, *Égypt.* (1810), pl. 5, fig. 8.
Pyrrhula gythaginea, TEMM., *Man.*, 2ᵉ édit., 3ᵉ partie (1835), p. 250
Erythrospiza gythaginea, CH. BONAP., *Birds* (1838), p. 34.

Ras Nili. Donné par le capitaine Loche.

Habitat. Le K'sour.

D. **Linoteæ.**

GENRE LINOTTE. — LINOTA, Ch. Bonap.

76. LINOTTE ORDINAIRE. — LINOTA CANNABINA.

Linota cannabina, Cn. Bonap., *Birds* (1838), p. 34.
O   Fringilla cannabina, Linn., *Syst. nat.*, 12ᵉ édit. (1766), t. I, p. 322.
La Linotte, Buff., pl. enlum. 151, fig. 1.

Bouffarik. Donné par le capitaine Loche.

Habitat. Les trois provinces de l'Algérie.

SOUS-FAMILLE DES EMBÉRIZINÉS. — EMBERIZINÆ.

GENRE PROYER. — CYNCHRAMUS, Ch. Bonap.

77. PROYER VULGAIRE. — CYNCHRAMUS MILIARIA.

Cynchramus miliaria, Ch. Bonap., *Birds* (1838), p. 35.
O   Emberiza miliaria, Linn., *Syst. nat.*, 12ᵉ édit. (1766), t. I, p. 308.
Le Proyer, Buff., pl. enlum. 233.

Derris — درّيس.

Bourkika. Donné par le capitaine Loche.

Habitat. Toute l'Algérie.

GENRE BRUANT. — EMBERIZA, Linn.

78. BRUANT JAUNE. — EMBERIZA CITRINELLA.

Emberiza citrinella, Linn., *Syst. nat.*, 12ᵉ édit. (1766), t. I, p. 309.
O   Le Bruant de France, Buff., pl. enlum. 30, fig. 1.

Zaccar. Donné par le capitaine Loche.

Habitat. La province d'Alger.

79. BRUANT ZIZI. — EMBERIZA CIRLUS.

O   Emberiza cirlus, Linn., *Syst. nat.*, 12ᵉ édit. (1766), t. I, p. 311.
Le Zizi ou Bruant des haies, Buff., pl. enlum. 653, fig. 1 et 2.

Milianah. Donné par le capitaine Loche.

Habitat. La province d'Alger.

80. BRUANT FOU. — EMBERIZA CIA.

Emberiza cia, Linn., *Syst. nat.*, 12ᵉ édit. (1766), t. I, p. 310.
Le Bruant fou, Buff., pl. enlum. 3, fig. 2, et 511, fig. 1, sous le nom d'Ortolan
de Lorraine.

Médéah. Donné par le capitaine Loche.

Habitat. La province d'Alger.

GENRE SCHÆNICOLE. — SCHÆNICOLA, Ch. Bonap.

81. SCHÉNICOLE DES ROSEAUX. — SCHÆNICOLA ARUNDINACEA.

Schænicola arundinacea, Ch. Bonap., *Consp. av.* (1850), 2, p. 463, sp. 1.
Emberiza schæniclus, Linn., *Syst. nat.*, 12ᵉ édit. (1766), t. I, p. 311.
Emberiza arundinacea, Gmel., *Syst. nat.* (1788), t. I, p. 871.
L'Ortolan des roseaux et la Coqueluche, Buff., pl. enlum. 247, fig. 2, et 497,
fig. 2.

Lac Halloula. Donné par le capitaine Loche.

Habitat. Les trois provinces de l'Algérie.

GENRE ORTOLAN. — HORTULANUS, Ch. Bonap.

82. ORTOLAN ORDINAIRE. — HORTULANUS CHLOROCEPHALUS.

Hortulanus chlorocephalus, Ch. Bonap., *Cat. Parzud.* (1856), p. 4, sp. 131.
Emberiza hortulana, Linn., *Syst. nat.*, 12ᵉ édit. (1766), t. I, p. 309.
L'Ortolan, Buff., pl. enlum. 247, fig. 1.

Beni Menasser. Donné par le capitaine Loche.

Habitat. Le Sahel algérien.

83. ORTOLAN CENDRILLARD. — HORTULANUS COESIUS.

Hortulanus cœsius, Ch. Bonap., *Cat. Parzud.* (1856), p. 4, sp. 131.
Emberiza cœsia, Cretzschmar in Rupp., *All. voy.*, p. 17, t. X, B.

Habitat. Le sud de l'Algérie.

GENRE FRINGILLARIA. — FRINGILLARIA, Swains.

84. FRINGILLARIA SAHARI. — FRINGILLARIA SAHARI.

Fringillaria sahari, Cu. Bonap., *Cat. Parzud.* (1856), p. 18, sp. 17.
Emberiza sahari, Levaillant jun., *Expl. scient. de l'Alg. atl., Ois.,*
pl. 9 bis, fig. 2.
Emberiza sahari, Malh., *Faune ornith. de l'Algérie* (1855), p. 21.

Ghardaïa. Donné par le capitaine Loche.

Habitat. Le M'zab.

85. FRINGILLARIA STRIOLÉ. — FRINGILLARIA STRIOLATA.

Fringillaria striolata, Lichst., *Cat. des doubl. du Mus. de Berlin* (1823),
n° 245, p. 24.
Emberiza striolata, Cretzschmar in Rupp., *Reise, Atlas,* p. 15, t. X, f. A.

Habitat. Les parties les plus méridionales de l'Algérie.

Section des Subulirostrés. — Subulirostres.

FAMILLE DES TURDIDÉS. — TURDIDÆ.

SOUS-FAMILLE DES TURDINÉS. — TURDINÆ.

GENRE GRIVE. — TURDUS, Linn.

86. GRIVE DRAINE. — TURDUS VISCIVORUS.

O   Turdus viscivorus, Linn., *Syst. nat.,* 12ᵉ édit. (1766), t. I, p. 291.
Turdus major, Briss., *Ornith.,* t. II, p. 200.

Habitat. Se rencontre accidentellement en Algérie.

87. GRIVE LITORNE. — TURDUS PILARIS.

Turdus pilaris, Linn., *Syst. nat.,* 12ᵉ édit. (1766), t. I, p. 291.
La Litorne, Buff., pl. enlum. 49.'.

Zaccar. Donné par le capitaine Loche.

Habitat. La province d'Alger.

88. GRIVE DE VIGNE. — TURDUS MUSICUS.

Turdus musicus, Linn., *Syst. nat.*, 12ᵉ édit. (1766), t. I, p. 292.
La Grive, Buff., pl. enlum. 406.

Birkadem. Donné par le capitaine Loche.

Habitat. Les parties boisées de l'Algérie.

89. GRIVE MAUVIS. — TURDUS ILLIACUS.

Turdus illiacus, Linn., *Syst. nat.*, 12ᵉ édit. (1766), t. I, p. 292.
Le Mauvis, Buff., pl. enlum. 51.

Habitat. Commun en Algérie, en automne, dans les localités boisées.

GENRE MERLE. — MERULA, Ray.

90. MERLE A PLASTRON. — MERULA TORQUATA.

Merula torquata, Gesn. d'apr. Ch. Bonap., *Birds* (1838), p. 17.
Turdus torquatus, Linn., *Syst. nat.*, 12ᵉ édit. (1766), t. I, p. 296.
Le Merle à collier, Buff., pl. enlum. 171, 172 et 182 sous le nom de Merle
   de montagne.

Djahmouma — جحمومة.

Djebel Arib. Donné par le capitaine Loche.

Habitat. Les provinces d'Alger et de Constantine.

91. MERLE NOIR. — MERULA VULGARIS.

Merula vulgaris, Ray, d'apr. Ch. Bonap., *Birds* (1838), p. 17.
O   Turdus merula, Linn., *Syst. nat.*, 12ᵉ édit. (1766), t. I, p. 295.
Le Merle noir, Buff., pl. enlum. 2 et 555.

Djahmouma — جحمومة.

Kouba. Donné par le capitaine Loche.

Habitat. Les trois provinces de l'Algérie.

SOUS-FAMILLE DES SAXICOLINÉS. — SAXICOLINÆ.

A. **Monticoleæ.**

GENRE PETROCOSSYPHUS. — PETROCOSSYPHUS, Boie.

92. PETROCOSSYPHE BLEU. — PETROCOSSYPHUS CYANEUS.

Petrocossyphus cyaneus, Ch. Bonap., *Birds* (1838), p. 16.
Turdus cyanus, Linn., *Syst. nat.*, 12ᵉ édit. (1766), t. I, p. 296.
O   Turdus solitarius, Hassel.; Lath., *Ind. ornith.* (1790), t. I, p. 345.
Le Merle bleu et le Merle solitaire, Buff., pl. enlum. 250.

♂ Birmandreiss. Donné par le capitaine Loche.

Habitat. Les parties élevées de l'Algérie.

GENRE MONTICOLE. — MONTICOLA, Boie.

93. MONTICOLE DE ROCHE. — MONTICOLA SAXATILIS.

Monticola saxatilis, Ch. Bonap., *Ann. des sc. nat.* (1854), et *Cat. Parzud*
    (1856), p. 5, sp. 156.
O   Turdus saxatilis, Linn., *Syst. nat.*, 12ᵉ édit. (1766), t. I, p. 294.
Petrocincla saxatilis, Vigors, *Zool. journ.* (1825).
Le Merle de roche, Buff., pl. enlum. 262.

♂ ♀ Zaccar. Donnés par le capitaine Loche.

Habitat. Les hautes montagnes de l'Algérie.

GENRE DROMOLÉE. — DROMOLÆA, Cab.

94. DROMOLÉE RIEUSE. — DROMOLÆA LEUCURA.

Dromolæa leucura, Ch. Bonap., *Cat. Parzud.* (1856), p. 5, sp. 157.
O   Turdus leucurus, Gmel., *Syst. nat.* (1788), t. I, p. 820.
Saxicola cachinnans, Temm., *Man.*, 2ᵉ édit. (1820), t. I, p. 236.

♂ Laghouat. Donné par le capitaine Loche.

Habitat. Les trois provinces de l'Algérie.

95. DROMOLÉE A TÉTE BLANCHE. — DROMOLÆA MONACHA (1).

Dromolæa monacha, Ch. Bonap., *Consp. av.* (1850), p. 302, sp. 4.
Saxicola monacha, Ruppell; — Temminck, pl. col. 359, fig. 1.
Saxicola gracilis, Licht.; —Temm., pl. col. 359, fig. 1.

Bou Aoud —

Ouargla. Donné par le capitaine Loche.

Habitat. L'oasis des Beni M'zab.

96. DROMOLÉE A TÉTE GRISE. — DROMOLÆA ISABELLINA.

Dromolæa Isabellina, Ch. Bonap.
Saxicola Isabellina, Ruppell et Temm., *Zool. atl.*, t. XXVIII, fig. 2.
Saxicola maësta? Licht., *Cat. des doubl. du Mus. de Berlin.*

Balloh. Donnés par le capitaine Loche.

Habitat. Le Sahara algérien.

B. Saxicoleæ.

GENRE MOTTEUX. — SAXICOLA, Bechst.

97. MOTTEUX VULGAIRE. — SAXICOLA OENANTHE.

Saxicola œnanthe, Bechst ; Mey. et Wolf, *Tasch. der Deutsch.* (1810),
  t. I, p. 251.
O   Motacilla œnanthe, Linn., *Syst. nat.*, 12ᵉ édit. (1766), t. I, p. 332.
Œnanthe cinerea, Vieill., *Dict. d'hist. nat.* (1818), t. XXI, p. 418.
Le Motteux, Buff., pl. enlum. 554.

été, hiver. Oued el Hamman. Donnés par le capitaine
Loche.

Habitat. Toute l'Algérie.

98. MOTTEUX STAPAZIN. — SAXICOLA STAPAZINA.

Saxicola stapazina, Temm., *Man. d'ornith.*, 2ᵉ édit. (1820), t. I, p. 239.
O   Motacilla stapazina, Linn., *Syst. nat.*, 12ᵉ édit. (1766), t. I, p. 332.

(1) Dromolæa monacha, — Dromolæa Isabellina , — Saxicola deserti et Saxicola
salina, que nous avons rencontrés dans le Sahara algérien pendant l'expédition
1856-57, n'avaient pas, que nous sachions, été encore signalés comme se trouvant en
Algérie.

⚲ Milianah. Donné par le capitaine Loche.

Habitat. Les trois provinces de l'Algérie.

99. MOTTEUX OREILLARD. — SAXICOLA ALBICOLLIS.

OEnanthe albicollis, VIEILL., *Faune franç.*, p. 190.
O   Saxicola aurita, TEMM., *Man. d'ornith.*, 2ᵉ édit. (1820), t. I, p. 241.

⚲ Milianah. Donné par le capitaine Loche.

Habitat. La province d'Alger.

100. MOTTEUX DU DÉSERT. — SAXICOLA DESERTI.

O   Saxicola deserti, RUPP., *Reis. Nord. of Atl.*

♂ Tuggurt. Donné par le capitaine Loche.

Habitat. Le sud de l'Algérie.

101. MOTTEUX SALINA. — SAXICOLA SALINA.

Saxicola salina, EVERSMANN, *Addend.*, fasc. 3, pl. 8, fig. 2.

⚲ Aïn el Bel. Donné par le capitaine Loche.

Habitat. Le Sahara algérien.

GENRE TRAQUET. — PRATINCOLA, Koch.

102. TRAQUET TARIER. — PRATINCOLA RUBETRA.

Pratincola rubetra, CH. BONAP., *Consp. av.* (1850), 2, p. 304, sp. 1.
O   Motacilla rubetra, LINN., *Syst. nat.*, 12ᵉ édit. (1766), t. I, p. 332.
Saxicola rubetra, MEY. et WOLF, *Tasch. der Deuts.* (1810), t. I, p. 252 *B.*
Le Tarier, BUFF., pl. enlum. 678, fig. 2.

♂ Oued Boutan. Donné par le capitaine Loche.

Habitat. Toute l'Algérie.

103. TRAQUET RUBICOLE. — PRATINCOLA RUBICOLA.

Pratincola rubicola, CH. BONAP, *Consp. av.* (1850), 2, p. 304, sp. 2.

O Motacilla rubicola, Linn., *Syst. nat.*, 12ᵉ édit. (1766), t. I, p. 332.
Saxicola rubicola, Mey. et Wolf, *Tasch. der Deuts.* (1810), t. I, p. 253, *a*.

Maison Carrée. Donné par le capitaine Loche.

Habitat. Les trois provinces de l'Algérie.

C. Luscinieæ.

GENRE ROUGE-QUEUE. — RUTICILLA, Brehm.

104. ROUGE-QUEUE DE MURAILLE. — RUTICILLA PHOENICURA.

Ruticilla phœnicura, Ch. Bonap., *Birds* (1838), p. 15.
Motacilla phœnicurus, Linn., *Syst. nat.*, 12ᵉ édit. (1766), t. I, p. 335.
Sylvia phœnicurus, Lath., *Ind. ornith.* (1790), t. II, p. 511.
Erithacus phœnicurus, Degl., *Ornith. eur.* (1849), t. I, p. 502, sp. 234.
Le Rossignol de muraille, Buff., pl. enlum. 351, fig. 1 et 2.

Drariah. Donné par le capitaine Loche.

Habitat. Les trois provinces de l'Algérie.

105. ROUGE-QUEUE TITHYS. — RUTICILLA TITHYS.

Ruticilla tithys, Ch. Bonap., *Birds* (1838), p. 16.
O Motacilla erythacus, Linn., *Syst. nat.*, 12ᵉ édit. (1766), t. I, p. 335.
Sylva tithys, Lath.; Mey. et Wolf; Temm.

Le Hamma. Donné par le capitaine Loche.

Habitat. La province d'Alger.

106. ROUGE-QUEUE MOUSSIER. — RUTICILLA MOUSSIERII.

Ruticilla Moussierii, Ch. Bonap., *Comptes rend. de l'Acad. des sciences*
(1854), t. XXXVIII, p. 8.
Erithacus Moussierii, Léon. Olph. Gaillard, *Ann. de la Soc. d'agr. et
d'hist. de Lyon* (1852), pl. 11, fig. 1 et 2.
Pratincola Moussierii, Baldamus.

Ras Nili. Donné par le capitaine Loche.

Habitat. Le Sahara algérien.

GENRE GORGE-BLEUE. — CYANECULA, Br.

107. GORGE-BLEUE ORDINAIRE. — CYANECULA SUECICA.

Cyanecula suecica, Ch. Bonap., *Birds* (1838), p. 15.
Sylvia cyanecula, Mey et Wolf, *Tasch. der Deuts.* (1810), t. I, p. 240.
Erythacus cyanecula, Degl., *Ornith. eur.* (1849), t. I, p. 510, sp. 227.
La Gorge-bleue, Buff., pl. enlum. 361 et 600.

Oued Chélif. Donné par le capitaine Loche.

Habitat. La province d'Alger.

GENRE ROUGE-GORGE. — RUBECULA, Br.

108. ROUGE-GORGE ORDINAIRE. — RUBECULA FAMILIARIS.

Rubecula familiaris, Blyth., d'après Ch. Bonap. *Cat. Parzud.* (1856), p. 5, sp. 170.
Motacilla rubecula, Linn., *Syst. nat.*, 12ᵉ édit. (1766), t. I, p. 337.
Sylvia rubecula, Lath., *Ind. ornith.* (1790), t. II, p. 520.
Erythacus rubecula, Cuv.; Degl., *Ornith. eur.* (1849), t. I, p. 509, sp. 226.
Le Rouge-gorge, Buff., pl. enlum. 361, fig. 1.

L'Agha. Donné par le capitaine Loche.

Habitat. Les trois provinces de l'Algérie.

GENRE PHILOMÈLE. — PHILOMELA, Br.

109. PHILOMÈLE ROSSIGNOL. — PHILOMELA LUSCINIA.

Philomela luscinia, Ch. Bonap., *Consp. av.* (1850), 2, p. 295, sp. 1.
Motacilla luscinia, Linn., *Syst. nat.*, 12ᵉ édit. (1766), t. I, p. 328.
Sylvia luscinia, Lath., *Ind. ornith.* (1790), t. II, p. 506.
Erythacus luscinia, Degl., *Ornith. eur.* (1849), t. I, p. 499, sp. 222.
Le Rossignol, Buff., pl. enlum. 615, fig. 2.

Bel Bel — بلبل et au Maroc Oumel Hassen — ام الحسن.

Mustapha. Donné par le capitaine Loche.

Habitat. Toute l'Algérie.

SOUS-FAMILLE DES SYLVINÉS. — SYLVINÆ.

a. **Sylvicæ.**

GENRE FAUVETTE. — CURRUCA, Br.

110. FAUVETTE A TÊTE NOIRE. — CURRUCA ATRICAPILLA.

Curruca atricapilla, Briss., *Ornith.* (1760), t. III, p. 380.
Motacilla atricapilla, Linn., *Syst. nat.*, 12ᵉ édit. (1766), t. I, p. 332.
Sylvia atricapilla, Lath. et Auct.
La Fauvette à tête noire, Buff., pl. enlum. 580, fig. 1 et 2.

Bou Zarea. Donné par le capitaine Loche.

Habitat. La province d'Alger.

111. FAUVETTE RUPPELL. — CURRUCA RUPPELLI.

Curruca Ruppelli, Ch. Bonap., *Birds* (1838), p. 14.
Sylvia Ruppellii, Temm., *Man.*, 3ᵉ partie (1835), p. 129.

Habitat. Les environs de Milianah.

112. FAUVETTE DES JARDINS. — CURRUCA HORTENSIS.

Curruca hortensis, Ch. Bonap., *Birds* (1838), p. 14.
Sylvia hortensis, Lath.; Mey. et Wolf; Temm.
La petite Fauvette, Buff., pl. enlum. 579, fig. 2.

Kouba. Donné par le capitaine Loche.

Habitat. La province d'Alger.

113. FAUVETTE ORPHÉE. — CURRUCA ORPHEA.

Curruca Orphea, Brehm., *Hand.* (1831), p. 423.
Sylvia Orphea, Temm., *Man.*, 2ᵉ édit. (1820), t. I, p. 198.
La Fauvette, Buff., pl. enlum. 571, fig. 1.

Milianah. Donné par le capitaine Loche.

Habitat. Les trois provinces de l'Algérie.

GENRE SYLVIE. — SYLVIA, Ch. Bonap.

114. SYLVIE BABILLARDE. — SYLVIA CURRUCA.

Sylvia curruca, Latham, *Ind. ornith.* (1790), t. II, p. 509.
Motacilla curruca, Linn., *Syst. nat.* (1766), t. I, p. 329.
La Fauvette babillarde, Buff., pl. enlum. 380.

Habitat. Se rencontre accidentellement en Algérie.

115. SYLVIE GRISETTE. — SYLVIA CINEREA.

Sylvia cinerea, Lath., *Ind. ornith.* (1790), t. II, p. 514.
Curruca cinerea, Briss., *Ornith.* (1760), t. III, p. 376.
Motacilla Sylvia, Linn., *Syst. nat.*, 12e édit. (1766), t. I, p. 330.
La Fauvette grise, Buff.

Hussein Dey. Donné par le capitaine Loche.

Habitat. Les trois provinces de l'Algérie.

GENRE STERPAROLE. — STERPAROLA, Ch. Bonap.

116. STERPAROLE A LUNETTES. — STERPAROLA CONSPICILLATA.

Sterparola conspicillata, Ch. Bonap., *Consp. av.* (1850), 2, p. 294, sp. 3.
Sylvia conspicillata, de La Marmora, *Mem. dell' Acad. di Torino* (1819).
Curruca conspicillata, Z. Gerbe, *Dict. d'hist. nat.* (1848), t. XII, p. 112.

♀ Milianah. Donnés par le capitaine Loche.

Habitat. Les trois provinces de l'Algérie.

117. STERPAROLE PASSERINETTE. — STERPAROLA SUBALPINA.

Sterparola subalpina, Ch. Bonap., *Consp. av.* (1850), 2, p. 294, sp. 4.
Sylvia leucopogon, Meyer et Wolf, *Tasch. der Deuts.* (1822), t. III, p. 91.
Sylvia passerina, Temm., *Man.*, 3e part. (1835), p. 131.

Milianah. Donné par le capitaine Loche.

Habitat. Le cercle de Milianah.

GENRE PYROPHTHALME. — PYROPHTHALMA, Ch. Bonap.

118. PYROPHTHALME MELANOCÉPHALE. — PYROPHTHALMA MELANOCEPHALA.

Pyrophthalma melanocephala, Ch. Bonap., *Consp. av.* (1850), 2, p. 293, sp. 1.
O Motacilla melanocephala, Gmel., *Syst. nat.* (1788), t. I, p. 970.
Sylvia melanocephala, Lath., *Ind. ornith.* (1790), t. II, p. 509.
Sylvia ruscicola, Vieill., *Dict. d'hist. nat.* (1817), t. XI, p. 186.

Jardin Marengo. Donné par le capitaine Loche.

Habitat. Les trois provinces de l'Algérie.

GENRE MÉLIZOPHILE. — MELIZOPHILUS, Leach.

119. MÉLIZOPHILE PITCHOU. — MELIZOPHILUS PROVINCIALIS.

Melizophilus provincialis, Ch. Bonap., *Birds* (1838), p. 14.
Motacilla provincialis, Gmel., *Syst. nat.* (1788), t. I, p. 958.
Sylvia Dartfordiensis, Lath., *Ind. ornith.* (1790), t. II, p. 517.
Sylvia ferruginea, Vieill., *Dict. d'hist. nat.* (1817), t. XI, p. 209.
Sylvia provincialis, Temm., *Man.*, 2ᵉ édit. (1820), t. I, p. 211.
Le Pitchou, Buff., pl. enlum. 655, fig. 1.

Milianah. Donnés par le capitaine Loche.

Habitat. Les trois provinces de l'Algérie.

B. Phyllopneusteæ.

GENRE POUILLOT. — PHYLLOPNEUSTE, Mey.

120. POUILLOT SIFFLEUR. — PHILLOPNEUSTE SIBILATRIX.

Phillopneuste sibilatrix, Ch. Bonap., *Birds* (1838), p. 13.
O Sylvia sylvicola, Lath., *Ind.*, Suppl. (1802), p. 53.
Sylvia sibilatrix, Bechst.; Mey. et Wolf; Temm.

La Reghaia. Donné par le capitaine Loche.

Habitat. La province d'Alger.

121. POUILLOT FITIS. — PHILLOPNEUSTE TROCHILUS.

Phyllopneuste trochilus, Ch. Bonap., *Birds* (1838), p. 13.
O   Motacilla trochilus, Linn., *Syst. nat.*, 12ᵉ édit. (1766), t. I, p. 338.
Sylvia trochilus, Lath., *Ind. ornith.* (1790), p. 550.

♂ Saint-Eugène. Donnés par le capitaine Loche.

Habitat. Toute l'Algérie.

122. POUILLOT VÉLOCE. — PHYLLOPNEUSTE RUFA.

Phyllopneuste rufa, Ch. Bonap., *Birds* (1838), p. 13.
O   Curruca rufa, Briss., *Ornith.* (1760), t. III, p. 387.
Sylvia rufa, Lath., *Ind. ornith.* (1790), t. II, p. 516.

♂ Affreville. Donné par le capitaine Loche.

Habitat. La province d'Alger.

123. POUILLOT BONELLI. — PHYLLOPNEUSTE BONELLII.

Phyllopneuste Bonellii, Ch. Bonap., *Birds* (1838), p. 13.
O   Sylvia Bonellii, Vieill., *Tabl. encycl. et Faune franç.*
Sylvia Natterii, Temm., *Man.*, 2ᵉ édit. (1820), t. I, p. 227.

♂ Oued Boutan. Donné par le capitaine Loche.

Habitat. La province d'Alger.

SOUS-FAMILLE DES CALAMOHERPINÉS. — CALAMOHERPINÆ.

B. **Calamoherpeæ.**

GENRE ROUSSEROLLE. — CALAMOHERPE, Meyer.

124. ROUSSEROLLE TURDOIDE. — CALAMOHERPE TURDOIDES.

Calamoherpe turdoides, Boie, *Isis* (1822), p. 552. — Ch. Bonap., *Birds*
(1838), p. 13.
O   Turdus arundinaceus, Linn., *Syst. nat.*, 12ᵉ édit. (1766), t. I, p. 296.
Sylvia turdoides, Temm., *Man.*, 2ᵉ édit. (1820), t. I, p. 181.
Salicaria turdina, Schleg., *Rev. crit. des ois. d'Eur.* (1844), p. xxvii.
La Rousserolle, Buff., pl. enlum. 513.

Lac Halloula. Donné par le capitaine Loche.

Habitat. Les trois provinces de l'Algérie.

125. ROUSSEROLLE EFFARVATTE. — CALAMOHERPE ARUNDINACEA.

Calamoherpe arundinacea, Boie, *Isis* (1826), p. 972. — Ch. Bonap., *Birds* (1838), p. 13.
Motacilla arundinacea, Gmel., *Syst. nat.* (1788), t. I, p. 992.
Sylvia arundinacea, Lath., *Ind. ornith.* (1790), t. II, p. 510? — Temm., *Man.*, 2ᵉ édit., t. I, p. 134.
Sylvia strepera, Vieill., *Dict. d'hist. nat.* (1817), t. XI, p. 182.

Bouffarick. Donné par le capitaine Loche.

Habitat. La province d'Alger.

GENRE PHRAGMITE. — CALAMODYTA, Meyer.

126. PHRAGMITE DES JONCS. — CALAMODYTA PHAGMITIS.

Calamodyta phragmitis, Ch. Bonap., *Birds* (1838), p. 12, et *Consp. av.* (1850, 2, p. 287.
Sylvia phragmitis, Bechst., *Nat. Deuts.* (1802), t. III, p. 635.
Sylvia Schœnobænus, Vieill., *Dict. d'hist. nat.* (1817), t. XI, p. 196.

Lac Halloula. Donné par le capitaine Loche.

Habitat. La province d'Alger.

127. PHRAGMITE AQUATIQUE. — CALAMODYTA AQUATICA.

Calamodyta aquatica, Ch. Bonap., *Consp. av.* (1850), 2, p. 287, sp. 2.
Sylvia aquatica, Lath., *Ind. ornith.* (1790), t. II, p. 510.

Lac Halloula. Donné par le capitaine Loche.

Habitat. Les parties humides de la province d'Alger.

GENRE LUSCINIOLE. — LUSCINIOLA, Gr.

128. LUSCINIOLE LUSCINOIDE. — LUSCINIOLA SAVII.

Lusciniola Savii, Ch. Bonap., *Cat. Parzud.* (1856), p. 6, sp. 198.

Sylvia luscinoides, **Savi**, *Nuov. Giorn. de litter.* (1824), n° XIV.
Cettia luscinoides, **Z. Gerbe**, *Dict. univ. d'hist. nat.* (1848), t. XI, p. 240.

.· Maison Carrée. Donné par le capitaine Loche.

Habitat. Se rencontre accidentellement dans la province d'Alger.

GENRE CETTIE. — CETTIA, Ch. Bonap.

129. CETTIE BOUSCARLE. — CETTIA SERICEA.

Cettia sericea, **Ch. Bonap.**, *Crit. sur Degl.* (1850), p. 158, sp. 154.
Sylvia cetti, **La Marmora**, *Mem. dell' Acad. di Torino*, t. XXV, p. 254.
Bouscarle de Provence, **Buff.**, pl. enlum. 655, fig. 2.

.· Maison Carrée. Donné par le capitaine Loche.

Habitat. Les trois provinces de l'Algérie.

GENRE CHLOROPÈTE. — CHLOROPETA, Smith.

130. CHLOROPÈTE PALE. — CHLOROPETA PALLIDA.

Chloropeta pallida, **Ch. Bonap.**, *Cat. Parzud.* (1856), p. 6, sp. 203.
· () Hypolais pallida, **Z. Gerbe**, *Rev. et mag. de zool.* (1852), p. 174.
Hypolais cinerascens, **de Selys Longchamps**.

.· Alger. Donné par le capitaine Loche.

Habitat. La province d'Alger.

GENRE HYPOLAIS. — HYPOLAIS, Brehm.

131. HYPOLAIS POLYGLOTTE. — HYPOLAIS POLYGLOTTA.

Hypolais polyglotta, **de Selys Longchamps**, *Faune belge* (1842), p. 99.
O Sylvia hypolais, **Lath.**, *Ind. ornith.* (1790), t. II. p. 507.
Sylvia polyglotta, **Vieill.**, *Dict. d'hist. nat.* (1817), t. XI, p. 200.

· Saint-Eugène. Donné par le capitaine Loche.

Habitat. La province d'Alger.

C. Locustelleæ.

GENRE LOCUSTELLE. — LOCUSTELLA, Gould.

132. LOCUSTELLE TACHETÉE. — LOCUSTELLA NÆVIA.

Locustella nævia, DEGL., *Ornith. eur.* (1849), t. I, p. 589, sp. 261.
Curruca grisea nævia, BRISS., *Ornith.* 1760, t. VI, Suppl., p. 112.
Sylvia locustella, LATH., *Ind. ornith.* (1790), t. II, p. 115.
Locustella Rayi, GOULD, *Birds of Eur.* (1836), t. CIII.

∴ L'Arba. Donné par le capitaine Loche.

Habitat. Accidentellement dans la province d'Alger.

D. Ædoneæ.

GENRE ÆDON. — ÆDON, Boie.

133. ÆDON RUBIGINEUX. — ÆDON GALACTODES.

Ædon galactodes, CH. BONAP., *Consp. av.* (1850), 2, p. 286, sp. 1.
Sylvia galactodes, TEMM., *Man.*, 2ᵉ édit. (1820), t. I, p. 182, et Sylvia rubi-
    ginosa, 3ᵉ partie (1835), p. 129.
Salicaria galactodes, KEYS. et BLASIUS, *Die Wirbelth.* (1840), p. LV.
Ædon rubiginosus, DEGL., *Ornith. eur.* (1849), t. I, p. 567, sp. 252.

∴ Oued Boutan. Donnés par le capitaine Loche.

Habitat. Les trois provinces de l'Algérie.

E. Drimoiceæ.

GENRE CISTICOLE. — CISTICOLA, Less.

134. CISTICOLE DES ROSEAUX. — CISTICOLA SCHOENICOLA.

Cisticola schœnicola, CH. BONAP., *Birds* (1838), p. 12.
Sylvia cisticola, TEMM., *Man.*, 2ᵉ édit. (1820), t. I, p. 228.

∴ Bouffarick. Donné par le capitaine Loche.

Habitat. Les parties marécageuses de la province d'Alger.

SOUS-FAMILLE DES ACCENTORINÉS. — ACCENTORINÆ.

GENRE PRUNELLA. — PRUNELLA, Vieill.

135. PRUNELLA MOUCHET. — PRUNELLA MODULARIS.

Prunella modularis, Ch. Bonap., *Cat. Parzud.* (1856), p. 7, sp. 231.
O Motacilla modularis, Linn., *Syst. nat.*, 12ᵉ édit. (1766), t. I, p. 339.
Curruca sepiaria, Briss., *Ornith.* (1760), t. III, p. 374.
Accentor modularis, Temm., *Man.*, 2ᵉ édit. (1820), t. I, p. 249.
Le Traine-Buisson, Buff., pl. enlum. 115, fig. 1.

♂ Milianah. Donné par le capitaine Loche.

Habitat. Se rencontre dans la province d'Alger.

FAMILLE DES MALURIDÉS. — MALURIDÆ.

SOUS-FAMILLE DES MALURINÉS. — MALURINÆ.

GENRE MALURUS. — MALURUS, Vieill.

136. MALURUS SAHARIEN. — MALURUS SAHARA.

O Malurus Sahara, Loche, *in Litteris.*

♂ Daït el Kossi. Donné par le capitaine Loche.

Habitat. Le Sahara algérien.

FAMILLE DES TIMALIDÉS. — TIMALIDÆ.

SOUS-FAMILLE DES CRATÉROPINÉS. — CRATEROPINÆ.

GENRE CRATÉROPE. — CRATEROPUS, Sw.

137. CRATÉROPE NUMIDE. — CRATEROPUS NUMIDICUS.

Turdus fulvus, Desfont., *Notice sur la Barbarie*, Mém. de l'Acad. des
sciences (1787).
Malurus numidicus, Levaill. jun., *Explor. scient. de l'Alg. all.*, Ois.,
pl. 9 bis, fig. 1.
O Malurus numidicus et Crateropus acaciæ, Malh., *Faun. ornith. de l'Alg.*
(1855), p. 11.
Crateropus fulvus, Ch. Bonap., *Cat. Parzud.* (1856), p 18, sp. 23.

Sidi Maklouf et Alica. Donnés par le docteur Reboud.

Habitat. Le Sahara algérien.

SOUS-FAMILLE DES BRACHYPODINÉS. — BRACHYPODINÆ.

GENRE TURDOIDE. — IXOS, Temm.

138. TURDOIDE OBSCUR. — IXOS BARBATUS.

Ixos barbatus, CH. BONAP. d'après Desfont., *Cat. Parzud.* (1856), p. 7,
sp. 216.
Ixos obscurus, TEMM., *Man.*, 4ᵉ part. (1840), p. 608.
Hæmatornis lugubris, LESS., *Synops. av. Auct.* (1839).

Beni Moussa. Donné par le capitaine Loche.

Habitat. Les trois provinces de l'Algérie.

FAMILLE DES TROGLODYTIDÉS. — TROGLODYTIDÆ.

SOUS-FAMILLE DES TROGLODYTINÉS. — TROGLODYTINÆ.

GENRE TROGLODYTE. — TROGLODYTES, Vieill.

139. TROGLODYTE D'EUROPE. — TROGLODYTES EUROPÆUS.

Troglodytes Europæus, CUV., *Règne anim.*, 2ᵉ édit. (1829), t. I, p. 390.
Motacilla troglodytes, LINN., *Syst. nat.*, 12ᵉ édit. (1766), t. I, p. 337.
Troglodytes vulgaris, TEMM., *Man.*, 3ᵉ part. (1835), p. 160.
Le Troglodyte vulgairement Roitelet, BUFF., pl. enlum. 65, fig. 1.

El Biar. Donné par le capitaine Loche.

Habitat. Les trois provinces de l'Algérie.

FAMILLE DES CERTHIIDÉS. — CERTHIIDÆ.

SOUS-FAMILLE DES CERTHIINÉS. — CERTHIINÆ.

GENRE GRIMPEREAU. — CERTHIA, Linn.

140. GRIMPEREAU FAMILIER. — CERTHIA FAMILIARIS.

Certhia familiaris, LINN., *Syst. nat.*, 12ᵉ édit. (1766), t. I, p. 184.
Le Grimpereau, BUFF., pl. enlum. 691, fig. 1.

Habitat. La province d'Alger.

SOUS-FAMILLE DES SITTINÉS. — SITTINÆ.

GENRE SITTELLE. — SITTA, Linn.

141. SITTELLE VULGAIRE. — SITTA CÆSIA.

Sitta cæsia, MEY. et WOLF, *Tasch. der Deuts.* (1810), t. I, p. 128.
O Sitta Europæ, TEMM., *Man.*, 2ᵉ édit. (1820), t. I, p. 407.
La Sittelle ou Torchepot. BUFF., pl. enlum. 923, fig. 1.

Beni Menasser. Donné par le capitaine Loche.

Habitat. Les parties boisées et montueuses de l'Algérie.

FAMILLE DES PARIDÉS. — PARIDÆ.

SOUS-FAMILLE DES PARINÉS. — PARINÆ.

GENRE CYANISTE. — CYANISTES, Kaup.

142. CYANISTE A DOS BLEU. — CYANISTES ULTRAMARINUS.

Cyanistes ultramarinus, CH. BONAP., *Rev. zool.* (1841), p. 146, sp. 1.
Parus cœruleanus, MALH., *Faun. de l'Alg.* (1842); — LEVAILL. jun., *Expl.*
sc. de l'Alg., pl. 7, fig. 2.
Parus violaceus, *Mus. de Paris.*
Parus Teneriffæ? VIEILL.

Milianah. Donné par le capitaine Loche.

Habitat. Les trois provinces de l'Algérie.

GENRE MÉSANGE. — PARUS, Linn.

143. MÉSANGE CHARBONNIÈRE. — PARUS MAJOR.

Parus major, LINN., *Syst. nat.*, 12ᵉ édit. (1766), t. I, p. 341.
O Parus major, sive Fringillago, BRISS., *Ornith.*, t. III, p. 539.
La Charbonnière ou grosse Mésange, BUFF., pl. enlum. 3, fig. 1.

Bou Reziza — بو رزيزة.

Milianah. Donné par le capitaine Loche.

Habitat. Les trois provinces de l'Algérie.

144. MÉSANGE LEDOUX. — PARUS LEDOUCII.

Parus Ledoucii, Math., *Cat. rais. des ois. de l'Alg.* (1842).

Bou Reziza. — بو رزيزة.

· Beni Sliman. Donné par le capitaine Loche.

SOUS-FAMILLE DES RÉGULINÉS. — REGULINÆ.

GENRE ROITELET. — REGULUS, Vieill.

145. ROITELET HUPPÉ. — REGULUS CRISTATUS.

Regulus cristatus, Briss., *Ornith.* (1760), t. III, p. 579.
Motacilla Regulus, Linn., *Syst. nat.*, 12ᵉ édit. (1766), t. I, p. 338.
Le Roitelet ordinaire, Buff., pl. enlum. 65, fig. 1.

· Milianah. Donné par le capitaine Loche.

Habitat. Les trois provinces de l'Algérie.

146. ROITELET A TRIPLE BANDEAU. — REGULUS IGNICAPILLUS.

Regulus ignicapillus, Brehm.; Naum.; Temm., *Man.*, 3ᵉ partie (1835),
p. 158.
Sylvia ignicapilla et Regulus Pyrocephalus, Brehm.; Lerbruch. (1823), t. I,
p. 276.
Le Roitelet, variété, Buff., pl. enlum. 65, fig. 2.

· Milianah. Donné par le capitaine Loche.

Habitat. Les trois provinces de l'Algérie.

FAMILLE DES CINCLIDÉS. — CINCLIDÆ.

SOUS-FAMILLE DES CINCLINÉS. — CINCLINÆ.

GENRE CINCLE. — CINCLUS, Bechst.

147. CINCLE PLONGEUR. — CINCLUS AQUATICUS.

Cinclus aquaticus, Bechst., *Natur. Deuts.* (1802), t. II, p. 103.
O   Sturnus cinclus, Linn., *Syst. nat.*, 12ᵉ édit. (1766), t. I, p. 290.
Hydrobata albicollis, Vieill., *Dict. d'hist. nat.* (1816), t. I, p. 219.
Le Merle d'eau, Buff., pl. enlum. 940.

et jeune. Oued el Kebir. Donnés par le capitaine Loche.

Habitat. Les cours d'eau torrentueux de la province d'Alger.

FAMILLE DES MOTACILLIDÉS. — MOTACILLIDÆ.

SOUS-FAMILLE DES MOTACILLINÉS. — MOTACILLINÆ.

GENRE HOCHE-QUEUE. — MOTACILLA, Linn.

148. HOCHE-QUEUE GRISE. — MOTACILLA ALBA.

Motacilla alba, LINN., *Syst. nat.*, 12ᵉ édit. (1766), t. I, p. 331.
Motacilla cinerea, BRISS., *Ornith.* (1760), t. III, p. 461.
La Bergeronnette grise et la Lavandière, BUFF., pl. enlum. 652, fig. 1 et 2;
  et 674, fig. 1.

Emsissi — مسيسى ou أمسيسى.

Harrach. Donné par le capitaine Loche.

Habitat. Les trois provinces de l'Algérie.

GENRE BOARULE. — PALLENURA, Pall.

149. BOARULE JAUNE. — PALLENURA SULPHUREA.

Pallenura sulphurea, CH. BONAP., *Cat. Parzud.* (1856), p. 7, sp. 242.
Motacilla flava, BRISS., *Ornith.* (1760), t. III, p. 471.
O Motacilla Boarula, GMEL., *Syst. nat.* (1788), t. I, p. 997.
Motacilla sulphurea, BECHST., *Naturg. Deuts.* (1802), t. III, p. 459.
La Bergeronnette jaune, BUFF., pl. enlum. 28, fig. 1.

Emsissi — مسيسى.

Habitat. La province d'Alger.

GENRE BERGERONNETTE. — BUDYTES, Cuv.

150. BERGERONNETTE PRINTANIÈRE. — BUDYTES FLAVA.

Budytes flava, CH. BONAP., *Birds* (1838), p. 18.
Motacilla flava, LINN., *Syst. nat.*, 12ᵉ édit. (1766), t. I, p. 331.
Motacilla verna, BRISS., *Ornith.* (1760), t. III, p. 468.
La Bergeronnette de printemps, BUFF., pl. enlum. 674, fig. 2.

◡ Mitidja. Donné par le capitaine Loche.

Emsissi — مسيسي.

Habitat. Les trois provinces de l'Algérie.

a. BERGERONNETTE DE RAY. — **BUDYTES RAYI.**

Budytes Rayi, Ch. Bonap., *Birds* (1838), p. 18.
Motacilla flava, Ray, *Synops.* (1713), p. 75.
Motacilla flaveola, Temm., *Man.*, 3ᵉ partie (1835), p. 183.

Emsissi — مسيسي.

Habitat. La province d'Alger.

b. BERGERONNETTE A TÊTE CENDRÉE. — **BUDYTES CINEREO-CAPILLA.**

Budytes cinereo-capilla, Ch. Bonap., *Birds* (1838), p. 19.
Motacilla cinereo-capilla, Ch. Bonap., *Iconogr. del Faun. Ital.*, pl. 31,
    fig. 2.

Emsissi — مسيسي.

◡ Médéah. Donné par le capitaine Loche.

Habitat. La province d'Alger.

c. BERGERONNETTE MÉLANOCÉPHALE. — **BUDYTES MELANOCEPHALA.**

Budytes melanocephala, Ch. Bonap., *Birds* (1838), p. 19.

Emsissi — مسيسي.

◡ Aïn Oussera. Donné par le capitaine Loche.

Habitat. La province d'Alger.

SOUS-FAMILLE DES ANTHINÉS. — ANTHINÆ.

GENRE CORYDALLA. — **CORYDALLA**, Vigors.

151. CORYDALLA RICHARD. — CORYDALLA RICHARDII.

Corydalla Richardii, Vig. d'après Ch. Bonap., *Consp. av.* (1850), p. 247,
    sp. 1.
Anthus Richardii, Vieill., *Dict. d'hist. nat.* (1818), t. XXVI, p. 491.

⁂ Mitidja. Donné par le capitaine Loche.

Habitat. Se rencontre accidentellement en Algérie.

GENRE AGRODROME. — AGRODROME, Swains.

152. AGRODROME ROUSSELINE. — AGRODROMA CAMPESTRIS.

Agrodroma campestris, Ch. Bonap., *Conspect. av.* (1850), p. 247, sp. 1.
Alauda campestris, Briss., *Ornith.* (1760), t. III, p. 349.
O Anthus campestris, Bechst., *Vog. Deuts.* (1807), t. III, p. 722.
Anthus rufescens, Temm., *Man.*, 2ᵉ édit. (1820), t. I, p. 267.
L'Alouette des marais, Buff., pl. enlum. 661, fig. 1.

⁂ Environs d'Alger. Donné par le capitaine Loche.

Habitat. Les trois provinces de l'Algérie.

GENRE PIPI. — ANTHUS, Bechst.

153. PIPI SPIONCELLE. — ANTHUS SPINOLETTA.

Anthus spinoletta, Degl., *Ornith. eur.* (1849), t. I, p. 425, sp. 191.
Alauda spinoletta, Linn., *Syst. nat.*, 12ᵉ édit. (1766), t. I, p. 288.
Anthus aquaticus, Bechst., *Nat. Deuts.* (1802), t. III, p. 732.
L'Alouette pipi, Buff., pl. enlum. 661, fig. 2.

⁂ Harrach. Donné par le capitaine Loche.

Habitat. La province d'Alger.

154. PIPI DES PRÉS. — ANTHUS PRATENSIS.

Anthus pratensis, Bechst., *Vog. Deuts.* (1807), t. III, p. 732.
O Alauda pratensis, Linn., *Syst. nat.*, 12ᵉ édit. (1766), t. I, p. 287.
Le Cujelier, Buff., pl. enlum. 660, fig. 2.

⁂ Plaine du Chélif. Donné par le capitaine Loche.

Habitat. Toute l'Algérie.

a. PIPI A GORGE ROUSSE. — ANTHUS CERVINUS.

Anthus cervinus, Keys. et Blasius, *Die Wirbelth.* (1840), p. LXVIII.
Motacilla cervina, Pallas, *Zoog.* (1811-31), t. I, p. 511.
Anthus rufogularis, Brehm., *Vogel Deuts.* (1831), p. 320.

♂ Djelfa. Donné par le capitaine Loche.

Habitat. Ne se rencontre que très-accidentellement en Algérie.

GENRE DENDRONANTHUS. — DENDRONANTHUS, Blyth.

155. DENDRONANTHUS DES ARBRES. — DENDRONANTHUS ARBOREUS.

> Dendronanthus arboreus, Ch. Bonap., *Cat. Parzud.* (1856). p. 7, sp. 250.
> Anthus arboreus, Bechst., *Natur. Deuts.* (1807), t. III, p. 706.
> La Farlouse, Buff., pl. enlum. 660, fig. 1.

♂ Birkadem. Donné par le capitaine Loche.

Habitat. Toute l'Algérie.

FAMILLE DES ALAUDIDÉS. — ALAUDIDÆ.

A. Galandrelleæ.

SOUS-FAMILLE DES ALAUDINÉS. — ALAUDINÆ.

GENRE OTOCORIS. — OTOCORIS, Ch. Bonap.

156. OTOCORIS BILOPHE. — OTOCORIS BILOPHA.

> Otocoris bilopha, Ch. Bonap., *Consp. av.* (1850), p. 246, sp. 7.
> Alauda bilopha, Temm. et Laug., pl. col. 241, fig. 1.
> Alauda bicornis, Hempr.

♂ Daït Bel Bib. Donné par le capitaine Loche.

Habitat. Le Sahara algérien.

GENRE CALANDRELLE. — CALANDRELLA, Kaup.

157. CALANDRELLE ORDINAIRE. — CALANDRELLA BRACHYDACTYLA.

> Calandrella brachydactyla, Ch. Bonap., *Consp. av.* (1850), p. 244, sp. 1.
> Alauda brachydactyla, Temm., *Man.*, 2ᵉ édit. (1820), t. I, p. 284.

♂ Blidah. Donné par le capitaine Loche.

Habitat. Toute l'Algérie.

158. CALANDRELLE DE REBOUD. — CALANDRELLA REBOUDIA.

Calandrella Reboudia, Loche, *in Litteris*.

☌ Sedret Ent Alla. Donné par le capitaine Loche.

Habitat. Le Sahara algérien.

B. **Alaudeæ**.

GENRE ANNOMANES. — ANNOMANES, Cab.

159. ANNOMANES ISABELLINE. — ANNOMANES ISABELLINA.

Annomanes isabellina, Ch. Bonap., *Consp. av.* (1850), p. 244.
O   Alauda isabellina, Temm., *Man.*, 4ᵉ part. (1840), p. 637.

☌ Daït el Hossi. Donné par le capitaine Loche.

Habitat. Le Sahara algérien.

160. ANNOMANES DU DÉSERT. — ANNOMANES DESERTI.

Annomanes deserti, Ch. Bonap., *Consp. ar.* (1850), p. 244.
Alauda deserti, Licht., *Cat. des doubl. du Mus. de Berlin* (1823),
    p. 28.

Habitat. Le petit désert.

161. ANNOMANES ÉLÉGANTE. — ANNOMANES ELEGANS.

Annomanes elegans, Alf. Brehm.
O   Alauda arenicolor? Sund.

☌ El Ataf. Donné par le capitaine Loche.

Habitat. Le Sahara algérien.

162. ANNOMANES REGULUS. — ANNOMANES REGULUS.

Annomanes Regulus, Ch. Bonap , *in Litteris*.

☌ Ouargla. Donné par le capitaine Loche.

Habitat. Le Sahara algérien.

GENRE ALOUETTE. — ALAUDA, Linn.

163. ALOUETTE DES CHAMPS. — ALAUDA ARVENSIS.

Alauda arvensis, LINN., *Syst. nat.*, 12ᵉ édit. (1766), t. I, p. 287.
L'Alouette ordinaire, BUFF., pl. enlum. 363, fig. 1.

Environs d'Alger. Donné par le capitaine Loche.

Habitat. Toute l'Algérie.

164. ALOUETTE LULU. — ALAUDA ARBOREA.

Alauda arborea, LINN., *Syst. nat.*, 12ᵉ édit. (1766), t. I, p. 287.
Alauda nemorosa, GMEL., *Syst. nat.* (1788), t. I, p. 797.
La petite Alouette huppée, BUFF., pl. enlum. 503, fig. 2.

Habitat. Le sud de l'Algérie.

GENRE RHAMPHOCORIS. — RHAMPHOCORIS, Ch. Bonap.

165. RHAMPHOCORIS CLOT-BEY. — RHAMPHOCORIS CLOT-BEY.

Rhamphocoris Clot-Bey, CH. BONAP., *Compt. rend. de l'Acad. des sciences*,
t. XXXI, p. 423.
O Jerapterhina Cavaignacii, O. DES MURS et CH. LUCAS, *Rev. et mag. de zool.*
(1851), pl. 24, p. 1.
Alauda Clot-Bey, TEMM., *Mus. de Leyde.*

♂ ♀ Ras Nili. Donnés par le capitaine Loche.

Habitat. Les plateaux sahariens.

GENRE CALANDRE. — MELANOCORYPHA, Boie.

166. CALANDRE VULGAIRE. — MELANOCORYPHA CALANDRA.

Melanocorypha calandra, CH. BONAP., *Birds* (1838), p. 38.
O Alauda calandra, LINN., *Syst. nat.*, 12ᵉ édit. (1766), t. I, p. 226.
La grosse Alouette ou Calandre, BUFF., pl. enlum. 363, fig. 2.

♂ Mitidja. Donné par le capitaine Loche.

Habitat. Les trois provinces de l'Algérie.

GENRE COCHEVIS. — GALERIDA, Boie.

167. COCHEVIS HUPPÉE. — GALERIDA CRISTATA.

Galerida cristata, Ch. Bonap., *Birds* (1838), p. 37.
O   Alauda cristata, Linn., *Syst. nat.*, 12ᵉ édit. (1766), t. I, p. 288.
Le Cochevis ou la grosse Alouette huppée, Buff., pl. enlum. 503, fig. 1.
et 662.

♂ Guellabou. Donné par le capitaine Loche.

Habitat. Toute l'Algérie.

168. COCHEVIS DE RANDON. — GALERIDA RANDONII.

O   Galerida Randonii, Loche, *in Litteris*

♂ Aïn Oussera. Donné par le docteur Reboud.

Habitat. Le sud de la province d'Alger.

169. COCHEVIS ISABELLINE. — GALERIDA ISABELLINA.

Galerida isabellina, Ch. Bonap., *Consp. av.* (1850), p.245, sp. 3.
Alauda isabellina, Rupp., *nec* Temm.

♂ Ghardaia. Donné par le capitaine Loche.

Habitat. Le Sahara algérien.

GENRE SIRLIS. — CERTHILAUDA, Sw.

170. SIRLIS DUPONT. — CERTHILAUDA DUPONTII.

Certhilauda Dupontii, Ch. Bonap., *Consp. av.* (1850), p. 246, sp. 6.
O   Alauda Dupontii, Vieill., *Faun. franç.* (1828), p. 173.

♂ ♀ Ras Nili. Donnés par le capitaine Loche.

Habitat. Le Sahara algérien.

171. SIRLIS BIFASCIÉE. — CERTHILAUDA DESERTORUM.

Certhilauda desertorum, Ch. Bonap., *Consp. av.* (1850), p. 246, sp. 7.
Alauda bifasciata, Licht., *Cat. des doubl. du Mus. de Berlin* (1823),
    p. 27.
Alæmon desertorum, Stanley, Keys. et Blas., *Die Wirbelth.* (1840), p. xxxvi.

ka —

· M'zab. Donné par le capitaine Loche.

Habitat. Le Sahara algérien.

Section des Dentirostrés. — Dentirostres.

FAMILLE DES LANIIDÉS. — LANIIDÆ.

SOUS-FAMILLE DES MALACONOTINÉS. — MALACONOTINÉS.

GENRE TÉLÉPHONE. — TELEPHONUS, Sw.

172. TÉLÉPHONE TCHAGRA. — TELEPHONUS TCHAGRA.

Telephonus tchagra, Ch. Bonap., *Consp. av.* (1850), p. 361, sp. 2.
Le Tchagra, Levaillant, *Ois. d'Afr.*, t. II, pl. 70.
O   Pomatorhynchus tschagra? Boie, *Isis* (1826), p. 973.
Lanius cucullatus, Temm., *Man.*, 1re part. (1840), p. 600.
Lanius tchagra, Schleg., *Rev. crit.* (1844), p. xxi.
Telephonus erythropterus, Swains., *Nat. Hist. of Birds*, vol. XI, p. 219.
La Pie-Grièche rousse à tête noire du Sénégal? Buff., pl. enlum. 479, fig. 1.

· Rovigo. Donné par le capitaine Loche.

Habitat. Les trois provinces de l'Algérie.

SOUS-FAMILLE DES LANIINÉS. — LANIINÆ.

GENRE PIE-GRIÈCHE. — LANIUS, Linn.

.

173. PIE-GRIÈCHE D'ALGÉRIE. — LANIUS ALGERIENSIS.

Lanius Algeriensis, Lesson, *Rev. zool.* (1839), p. 134.

Bousseround — بوسرُند.

Guellabou. Donné par le capitaine Loche.

Habitat. Les trois provinces de l'Algérie.

174. PIE-GRIÈCHE PALE. — LANIUS DEALBEATUS.

O   Lanius dealbeatus, DEFILIPPI ; — CH. BONAP., *Monogr. des Laniens, Rev. et mag. de zool.* (1853), p. 293, sp. 5.
Lanius pallidirostris, CASSIN., *Zool. proced. of Philad.* (1851), n° 22, sp. 1.

Bousseround — بوسرُند.

Ghardaïa. Donné par le capitaine Loche.

Habitat. Le Sahara algérien.

GENRE ÉCORCHEUR. — ENNEOCTONUS, Boie.

175. ÉCORCHEUR A TÊTE ROUSSE. — ENNEOCTONUS RUFUS.

Enneoctonus rufus, CH. BONAP., *Birds* (1838), p. 26, et *Monogr. des Laniens* (1853), sp. 36.
O   Lanius rufus, BRISS., *Ornith.* (1760), t. II, p. 147.
Lanius rutilus, LATH., *Ind. ornith.* (1790), t. I, p. 70.
Lanius ruficeps, MEY. et WOLF, *Tasch. der Deuts.* (1810), t. I, p. 89.
La Pie-Grièche rousse de France, BUFF., pl. enlum. 9, fig. 2.

Milianah. Donné par le capitaine Loche.

Habitat. Les trois provinces de l'Algérie.

FAMILLE DES ORIOLIDÉS. — ORIOLIDÆ.

SOUS-FAMILLE DES ORIOLINÉS. — ORIOLINÆ.

GENRE LORIOT. — ORIOLUS, Linn.

176. LORIOT VULGAIRE. — ORIOLUS GALBULA.

Oriolus galbula, LINN., *Syst. nat.*, 12° édit. (1766), t. I, p. 160.
Le Loriot, BUFF., pl. enlum. 26.

Milianah. Donnés par le capitaine Loche.

Habitat. Toute l'Algérie.

FAMILLE DES AMPÉLIDÉS. — AMPELIDÆ.

SOUS-FAMILLE DES AMPÉLINÉS. — AMPELINÆ.

GENRE JASEUR. — AMPELIS, Linn.

177. JASEUR DE BOHÊME. — AMPELIS GARRULUS.

Ampelis garrulus, LINN., *Syst. nat.*, 12ᵉ édit. (1766), t. I, p. 297.
Bombycilla Bohemica, BRISS., *Ornith.* (1760), t. II, p. 333.
Bombycilla garrula, VIEILL., *Dict. d'hist. nat.* (1817), t. XVI, p. 523, et
    Faun. franç., p. 130.
Le Jaseur, BUFF., pl. enlum. 261.

Habitat. De passage en Algérie, de loin en loin.

FAMILLE DES MUSCICAPIDÉS. — MUSCICAPIDÆ.

SOUS-FAMILLE DES MUSCICAPINÉS. — MUSCICAPINÆ.

GENRE GOBE-MOUCHE. — MUSCICAPA, Linn.

178. GOBE-MOUCHE NOIR. — MUSCICAPA ATRICAPILLA.

Muscicapa atricapilla, LINN., *Syst. nat.*, 12ᵉ édit. (1766), t. I, p. 226.
Motacilla ficedula, GMEL., *Syst. nat.* (1788), t. I, p. 935.
Muscicapa luctuosa, TEMM., *Man.*, 1ʳᵉ édit. (1815), p. 101.
Le Becfigue, BUFF., pl. enlum. 565, fig. 2.

Milianah. Donné par le capitaine Loche.

Habitat. La province d'Alger.

179. GOBE-MOUCHE A COLLIER. — MUSCICAPA COLLARIS.

Muscicapa collaris, BECHST.; CH. BONAP., *Consp. av.* (1850), 2, p. 317,
    sp. 1.
Muscicapa albicollis, TEMM., *Man.*, 2ᵉ édit. (1820), t. I, p. 153.
Le Gobe-Mouche à collier de Lorraine, BUFF.

Habitat. La province d'Alger.

GENRE BUTALIS. — BUTALIS, Boie.

180. BUTALIS GRIS. — BUTALIS GRISOLA.

Butalis grisola, Ch. Bonap., *Birds* (1838), p. 25.
Muscicapa grisola, Linn., *Syst. nat.*, 12e édit. (1766), t. I, p. 328.
Le Gobe-Mouche proprement dit, Buff., pl. enlum. 565, fig. 1.

∴ Médéah. Donné par le capitaine Loche.

Habitat. Toute l'Algérie.

GENRE ÉRYTHROSTERNE. — ERYTHROSTERNA, Ch. Bonap.

181. ÉRYTHROSTERNE ROUGEATRE. — ERYTHROSTERNA PARVA.

Erythrosterna parva, Ch. Bonap., *Birds* (1838), p. 44.
Muscicapa parva, Mey. et Wolf, *Tasch. der Deuts.* (1810), t. I, p. 215.

Habitat. Se rencontre accidentellement en Algérie.

Section des Fissirostrés. — Fissirostres.

FAMILLE DES HIRUNDINIDÉS. — HIRUNDINIDÆ.

SOUS-FAMILLE DES HIRUNDININÉS. — HIRUNDININÉS.

A. Hirundineæ.

GENRE HIRONDELLE. — HIRUNDO, Linn.

182. HIRONDELLE DE CHEMINÉE. — HIRUNDO RUSTICA.

Hirundo rustica, Linn., *Syst. nat.*, 12e édit. (1766), t. I, p. 343.
O   Hirundo domestica, Briss., *Ornith.* (1760), t. II, p. 486.
L'Hirondelle de cheminée ou domestique, Buff., pl. enlum. 543, fig. 1.

Khothaïfa — خطيفة.

Habitat. Toute l'Algérie pendant l'été.

GENRE CÉCROPIS. — CECROPIS, Boie.

182. CÉCROPIS ROUSSELINE. — CÉCROPIS RUFULA.

Cécropis rufula, Ch. Bonap., *Cat. Parzud.* (1856), p. 8, sp. 281.
Hirundo rufula, Temm., *Man.*, 3° part. (1835), p. 298.

Habitat. Se rencontre accidentellement en Algérie.!

B. Progneæ.

GENRE PTYONOPROGNÉ. — PTYONOPROGNE, Reich.

184. PTYONOPROGNE DE ROCHER. — PTYONOPROGNE RUPESTRIS.

Ptyonoprogne rupestris, Ch. Bonap., *Cat. Parzud.* (1856), p. 8, sp. 282.
Hirundo rupestris, Scopoli, *Ann.* 1, *Hist. nat.* (1768), p. 167.
Hirundo rupestris et montana, Gmel., *Syst. nat.* (1788), t. I, p. 1019.

Habitat. Les rochers qui bordent la Chiffa.

GENRE COTYLE. — COTYLE, Boie.

185. COTYLE DE RIVAGE. — COTYLE RIPARIA.

Cotyle riparia, Ch. Bonap., *Birds* (1838), et *Consp. av.* (1850), 2, p. 342,
sp. 8.
Hirundo riparia. Linn., *Syst. nat.*, 12° édit. (1766), t. I, p. 344.
L'Hirondelle de rivage, Buff., pl. enlum. 543, fig. 2.

Bords du Chélif. Donné par le capitaine Loche.

Habitat. La province d'Alger.

GENRE CHÉLIDON. — CHELIDON, Boie.

186. CHÉLIDON DE FENÊTRE. — CHELIDON URBICA.

Chelidon urbica, Ch. Bonap., *Birds* (1838), p. 8.
Hirundo urbica, Linn., *Syst. nat.*, 12° édit. (1766), t. I, p. 344.
L'Hirondelle cul-blanc, ou petit Martinet, Buff., pl. enlum. 542, fig. 2.

Khothaïfa — خطيجة.

Habitat. Toute l'Algérie en été.

TRIBU DES VOLUCRES. — VOLUCRES.

SÉRIE DES ZYGODACTYLES. — ZYGODACTYLI.

Section des Amphiboles. — Amphiboli.

FAMILLE DES CUCULIDÉS. — CUCULIDÆ.

SOUS-FAMILLE DES CUCULINÉS. — CUCULINÆ.

GENRE OXYLOPHUS. — OXYLOPHUS, Sw.

187. OXYLOPHUS HUPPÉ. — OXYLOPHUS GLANDARIUS.

Oxylophus glandarius, Ch. Bonap., *Birds* (1838), p. 40, et *Vol. Zygodact.*,
(1854), p. 6, sp. 158.
Cuculus glandarius, Linn., *Syst. nat.*, 12ᵉ édit. (1766), t. I, p. 169.
Cuculus Andalusiæ, Briss., *Ornith.*, t. IV, p. 126.
Cuculus Pisanus, Gmel., *Syst. nat.* (1788), t. I, p. 416.

☿ Teniet el Had. Donné par le capitaine Loche.

Habitat. Les localités boisées du sud de l'Algérie.

GENRE COUCOU. — CUCULUS, Linn.

188. COUCOU GRIS. — CUCULUS CONORUS.

Cuculus conorus, *Syst. nat.*, 12ᵉ édit. (1766), t. I, p. 168.
Le Coucou gris, Buff., pl. enlum. 811.

Tekouk — تكوك.

˙ ˛ Maison-Carrée. Donnés par le capitaine Loche.

Habitat. Les trois provinces de l'Algérie.

Section des Scansorés. — Scansores.

FAMILLE DES PICIDÉS. — PICIDÆ.

SOUS-FAMILLE DES PICINÉS. — PICINÆ.

A. **Piceæ.**

GENRE PIC. — PICUS, Linn.

189. PIC NUMIDE. — PICUS NUMIDICUS.

Picus Numidicus, MALH., *Mém. de l'Acad. de Metz* (1842), p. 242.
Picus Numidicus (MALH.), LEVAILLANT jun., *Explor. scient. de l'Alg. atl.,
    Ois.*, pl. 9.
Picus Jaballa, LEVAILLANT, *Mus. de Paris.*

Milianah. Donné par le capitaine Loche.

Habitat. Les forêts des trois provinces de l'Algérie.

190. PIC ÉPEICHETTE. — PICUS MINOR.

Picus minor, LINN., *Syst. nat.*, 12ᵉ édit. (1766), t. I, p. 176.
Picus Ledoucii, MALH., *Faun. ornith. de l'Alg.*

Habitat. Les forêts des trois provinces de l'Algérie.

E. **Gecineæ.**

GENRE GECINUS. — GECINUS, Boie.

191. GECINUS LEVAILLANT. — GECINUS VAILLANTII.

Gecinus Vaillantii, CH. BONAP., *Consp. av.* (1850), 1, p. 126, sp. 3.
Chloropicus Vaillantii, MALH., *Cat. rais. des ois. de l'Alg.* (1846), p. 5.
Gecinus Algirus, GRAY, *Cat. B. Mus.* (1848).
Picus Algirus, LEVAILLANT jun., *Explor. scient. de l'Alg. atl., Ois.*, pl. 8

Nakkab Essadjar —

♂. Beni Menasser. Donné par le capitaine Loche.

Habitat. Toute l'Algérie.

SOUS-FAMILLE DES YUNGINÉS. — YUNGINÆ.

GENRE TORCOL. — YUNX, Linn.

192. TORCOL VERTICILLÉ. — YUNX TORQUILLA.

O   Yunx torquilla, LINN., *Syst. nat.*, 12e édit. (1766), t. I, p. 172.
Le Torcol, BUFF., pl. enlum. 698.

Blidah. Donné par le capitaine Loche.

Habitat. Les trois provinces de l'Algérie.

SÉRIE DES ANISODACTYLES. — ANISODACTYLI.

Section des Callacoracés. — Callacoraces (Callichromi).

FAMILLE DES CORACIDÉS. — CORACIDÆ.

SOUS-FAMILLE DES CORACINÉS. — CORACINÉS.

GENRE ROLLIER. — CORACIAS, Linn.

193. ROLLIER VULGAIRE. — CORACIAS GARRULA.

Coracias garrula, LINN., *Syst. nat.*, 12e édit. (1766), t. I, p. 159.
O   Galgulus garrulus, VIEILL., *Dict. d'hist. nat.* (1819), t. XXIX, p. 428.
Le Rollier, BUFF., pl. enlum. 486.

Cherzekrak — شرّفراف.

Bou Mefta. Donné par le capitaine Loche.

Habitat. Les trois provinces de l'Algérie.

Section des Gressores. — Gressorii (Syndactyli).

FAMILLE DES MÉROPIDÉS. — MEROPIDÆ.

SOUS-FAMILLE DES MÉROPINÉS. — MEROPINÆ.

GENRE GUÊPIER. — MEROPS, Linn.

194. GUÊPIER VULGAIRE. — MEROPS APIASTER.

O   Merops apiaster, LINN., *Syst. nat.*, 12e édit. (1766), t. I, p. 182.
Le Guêpier, BUFF., pl. enlum. 938.

Elliamoun — الليمون.

̓. Chiffa. Donnés par le capitaine Loche.

Habitat. Les trois provinces de l'Algérie.

195. GUÊPIER D'ÉGYPTE. — MEROPS ÆGYPTIUS.

Merops Ægyptius, Forskahl, d'après Ch. Bonap., *Faun. ital.*, fasc. 22.
O Merops Persicus, Pallas, *Voy.* (1776), t. VIII de l'édit. franç., Append.,
  p. 36.

Elliamoun — الليامون.

̓ Sainte-Amélie. Donné par le capitaine Loche. Niche dans les
dunes de l'Oued Djeddi.

Habitat. De passage dans la province d'Alger.

FAMILLE DES ALCÉDINIDÉS. — ALCEDINIDÆ.

SOUS-FAMILLE DES ALCÉDININÉS. — ALCEDININÆ.

A. **Ceryleæ.**

GENRE CÉRYLE. — CERYLE, Boie.

196. CÉRYLE PIE. — CERYLE RUDIS.

Ceryle rudis, Ch. Bonap., *Birds* (1838), p. 10.
Alcedo rudis, Linn., *Syst. nat.*, 12e édit. (1766), t. I, p. 181.
—   Buff., pl. enlum. 62 et 716.

Habitat. Se rencontre accidentellement en Algérie.

B. **Alcedineæ.**

GENRE MARTIN-PÊCHEUR. — ALCEDO, Linn.

197. MARTIN-PÊCHEUR VULGAIRE. — ALCEDO ISPIDA.

Alcedo ispida, Linn., *Syst. nat.*, 12e édit. (1766), t. I, p. 179.
Le Martin-Pêcheur, pl. enlum. 77.

Mekhiet el Ma — مخيط الماء.

♂ Oued Harrach. Donné par le capitaine Loche.

Habitat. Toute l'Algérie.

Section des Ténuirostrés. — Tenuirostres (Epopides).

FAMILLE DES UPUPIDÉS. — UPUPIDÆ.

SOUS-FAMILLE DES UPUPINÉS. — UPUPINÆ.

GENRE HUPPE. — UPUPA, Linn.

198. HUPPE VULGAIRE. — UPUPA EPOPS.

Upupa epops, LINN., *Syst. nat.*, 12ᵉ édit. (1766), t. I, p. 123.
O   La Huppe, BUFF., pl. enlum. 52.

Hadhoud — هدهد.

♀ Milianah. Donné par le capitaine Loche.

Habitat. Toute l'Algérie.

Section des Hiantés. — Hiantes (Cypseli).

FAMILLE DES CYPSÉLIDÉS. — CYPSELIDÆ.

SOUS-FAMILLE DES CYPSÉLINÉS. — CYPSELINÆ.

GENRE MARTINET. — CYPSELUS, Illig.

199. MARTINET A VENTRE BLANC. — CYPSELUS MELBA.

Cypselus melba, ILLIG., *Prodrom. Syst.* (1811), p. 223.
Hirundo melba, LINN., *Syst. nat.*, 12ᵉ édit. (1766), t. I, p. 341.
Cypselus Alpinus, TEMM., *Man.*, 2ᵉ édit. (1820), t. I, p. 433.
Le grand Martinet à ventre blanc, BUFF.

♂ Constantine. Donné par le capitaine Loche.

Habitat. La province de Constantine.

200. MARTINET NOIR. — CYPSELUS APUS.

Cypselus apus, ILLIG., *Prod. Syst.* (1811), p. 229.
O   Hirundo apus, LINN., *Syst. nat..* 12ᵉ édit. (1766), t. I, p. 344.
Cypselus murarius, TEMM., *Man.*, 2ᵉ édit. (1820), t. I, p. 434.
Le Martinet noir, BUFF., **pl.** enlum. 542, fig. 1.

: Alger. Donné par M. Aurican.

Habitat. Toute l'Algérie.

Section des Insidentés. — Insidentes (Nocturni).

FAMILLE DES CAPRIMULGIDÉS. — CAPRIMULGID.E.

SOUS-FAMILLE DES CAPRIMULGINÉS. — CAPRIMULGINÆ.

GENRE ENGOULEVENT. — CAPRIMULGUS, Linn.

201. ENGOULEVENT VULGAIRE. — CAPRIMULGUS EUROPÆUS.

Caprimulgus Europæus, LINN., *Syst. nat.*, 12ᵉ édit. (1766), t. I, p. 346.
Caprimulgus vulgaris, VIEILL... *Faun. franç.* (1828), p. 140.
Caprimulgus punctatus, MEY. et WOLF, *Tasch. der Deuts.* (1810), t. I,
     p. 284.
L'Engoulevent, BUFF., **pl.** enlum. 193.

: Beni Moussa. Donné par le capitaine Loche.

Habitat. Toute l'Algérie.

202. ENGOULEVENT A COLLIER ROUX. — CAPRIMULGUS RUFICOLLIS.

Caprimulgus ruficollis, TEMM., *Man.*, 2ᵉ édit. (1820), t. I, p. 438.
Caprimulgus rutitorques, VIEILL., *Tabl. encycl. ornith.* (1825), p. 546.
     —   —   GOULD, *Birds of Eur.*, t. LII.

' Djelfa. Donné par le capitaine Loche.

Habitat. Les trois provinces de l'Algérie.

203. ENGOULEVENT ISABELLE. — CAPRIMULGUS ISABELLINUS.

Caprimulgus Isabellinus, TEMM. et LAUG., pl. col. 379.
Caprimulgus Ægyptius, LICHST., *Cat. des doubl. du Mus. de Berlin*,
  n° 610.

Habitat. La province de Constantine.

ORDRE DES PIGEONS. — COLUMBÆ (Gemitores).

TRIBU DES GYRANTES. — GYRANTÆ.

FAMILLE DES COLUMBIDÉS. — COLUMBIDÆ.

SOUS-FAMILLE DES COLUMBINÉS. — COLUMBINÆ.

II. Palumbeæ.

GENRE PALOMBE. — PALUMBUS, Kaup.

204. PALOMBE RAMIER. — PALUMBUS TORQUATUS.

Palumbus torquatus, CH. BONAP., *Tabl. des Pigeons, Comptes rendus de
  l'Acad. des Sciences*, t. XL, p. 218, sp. 113.
O   Columba palumbus, LINN., *Syst. nat.*, 12e édit. (1766), t. I, p. 282.
  Le Ramier, BUFF., pl. enlum. 316.

Zaatout - ﺯﻋﻄﻮﻁ.

  Boghar. Donné par le capitaine Loche.

Habitat. Toute l'Algérie.

GENRE COLOMBE. — COLUMBA, Linn.

A. Columba. — Ch. Bonap

205. COLOMBE BISET. — COLUMBA LIVIA

Columba livia, BRISS., *Ornith.* (1760), t. I, p. 83.
Le Biset ou Pigeon sauvage, BUFF., pl. enlum. 510

Hamman el Berri —   حمام البري

· Beni Sliman. Donné par le capitaine Loche.

Habitat. La province d'Alger.

B. **Palumbœna**. - Ch. Bonap.

206. PIGEON COLOMBIN. — PALUMBOENA COLUMBELLA

Palumbœna columbella, Ch. Bonap., *Cat. Parzud.* (1856), p. 9, sp. 311.
Columba OEnas, Linn., *Syst. nat.*, 12ᵉ édit. (1766), t. I, p. 279.
Le Pigeon commun, Buff., pl. enlum. 316.

· Sahara. Donné par le capitaine Loche.

Habitat. Toute l'Algérie.

GENRE TOURTERELLE. — TURTUR, Selby

I. **T. auriti**

207. TOURTERELLE A COLLIER. — TURTUR AURITUS

Turtur auritus, Ray, d'après Ch. Bonap., *Coup d'œil sur l'ordre des Pi
geons, Compt. rend. de l'Acad. des Sc.* (1855), t. XL, p. 219, sp. 176
Columba turtur, Linn., *Syst. nat.*, 12ᵉ édit. (1766), t. I, p. 284.
La Tourterelle, Buff., pl. enlum. 394.

· Plaine du Chélif. Donné par le capitaine Loche.

Habitat. Toute l'Algérie.

B. **T. maculicolles**

208. TOURTERELLE D'ÉGYPTE. — TURTUR SENEGALENSIS

Turtur Senegalensis, Ch. Bonap., *Coup d'œil sur l'ordre des Pigeons
Compt. rend. de l'Acad. des Sc.* (1855), t. XL, p. 219, sp. 181
Columba Egyptiaca, Lath., *Ind. Ornith.* (1790), t. II, p. 607

· Sahara. Donné par le capitaine Loche.

Habitat. Le Sahara

ORDRE DES HÉRONS. — HERODIONES.

TRIBU DES GRUES. — GRUES.

FAMILLE DES GRUIDES. — GRUIDÆ.

SOUS-FAMILLE DES GRUINÉS. — GRUINÆ.

A. Gruineæ.

GENRE GRUE. — GRUS, Linn.

209. GRUE CENDRÉE. — GRUS CINEREA.

Grus cinerea, MEY. et WOLF, *Tasch. der Deuts.* (1810), t. II, p. 350.
Ardea grus, LINN., *Syst. nat.*, 12ᵉ édit. (1766), t. I, p. 234.
La Grue, BUFF., pl. enlum. 769.

Garnouk — غرنوق .

Cap Matifou. Donné par le capitaine Loche.

Habitat. De passage dans la province d'Alger.

B. Anthropoideæ.

GENRE ANTHROPOÏDE. — ANTHROPOIDES, Vieill.

210. ANTHROPOÏDE DEMOISELLE. — ANTHROPOIDES VIRGO.

Anthropoides virgo, VIEILL., *Dict. d'Hist. nat.* (1816), t. II, p. 163.
Ardea virgo, LINN., *Syst. nat.*, 12ᵉ édit. (1766), t. I, p. 234.
Grus Numidica, Virgo Numidica, Vulgo dicta, BRISS., *Ornith.* (1760), t. V,
     p. 388.
Grus virgo, PALLAS, *Zoog.* (1811-31), t. II, p. 108.
La Demoiselle de Numidie, BUFF., pl. enlum. 241.

Habitat. Le sud de l'Algérie.

GENRE BALÉARIQUE. — BALEARICA, Briss.

211. BALÉARIQUE COURONNÉE. — BALEARICA PAVONINA.

Balearica pavonina, LESS., *Ornith.* 1831, p. 588.

Ardea pavonina, LINN., *Syst. nat.*, 12ᵉ édit. 1766, t. I, p. 233.
L'Oiseau royal ou Grue couronnée, BUFF., pl. enlum. 265.

Habitat. Se rencontre accidentellement en Algérie.

TRIBU DES CICONIÉS. — CICONIÆ.

FAMILLE DES CICONIIDÉS. — CICONIIDÆ.

SOUS-FAMILLE DES CICONIINÉS. — CICONIINÆ.

GENRE CIGOGNE. — CICONIA, Linn.

212. CIGOGNE BLANCHE. — CICONIA ALBA.

Ciconia alba, BELON, *De la nat. des Ois.* (1755), IVᵉ liv., p. 201.
Ardea ciconia, LINN., *Syst. nat.*, 12ᵉ édit. 1766, t. I, p. 235.
La Cigogne blanche, BUFF., pl. enlum. 866

Belaredj — Boulaklak — بلارج — بو لقلق
Bouchekchak — بو شقشاق.

Rovigo. Donné par le capitaine Loche.

Habitat. Toute l'Algérie.

FAMILLE DES ARDÉIDES. — ARDEIDÆ.

SOUS-FAMILLE DES ARDÉINÉS. — ARDEINÆ.

II. Ardeæ.

GENRE HÉRON. — ARDEA, Linn.

213. HÉRON CENDRÉ. — ARDEA CINEREA.

Ardea cinerea et Ardea major, LINN., *Syst. nat.*, 12ᵉ édit. 1766, t. I, p. 236.
Le Héron huppé, BUFF., pl. enlum. 755 et 787

Bou-Ank — بو عنق, et Anchouch — عنشوش au Maroc.

Habitat. Les trois provinces de l'Algérie.

214. HÉRON POURPRÉ. — ARDEA PURPUREA.

Ardea purpurea, Linn., *Syst. nat.*, 12ᵉ édit. (1766), t. I, p. 236.
O   Le Héron pourpré, Buff., pl. enlum. 788.

Lac Halloula. Donné par le capitaine Loche.

Habitat. Tous les grands lacs de l'Algérie.

GENRE AIGRETTE. — EGRETTA, Ch. Bonap.

215. AIGRETTE BLANCHE. — EGRETTA ALBA.

Egretta alba, Ch. Bonap., *Birds* (1838), p. 47, et *Tabl. de l'ordre des Hé-
rons, Compt. rend. de l'Acad. des Sc.* (1855), t. XL, p. 722, sp. 69.
O   Ardea alba, Linn., *Syst. nat.*, 12ᵉ édit. (1766), t. I, p. 239.
Ardea candida, Briss., *Ornith.*, t. V, p. 438.
L'Aigrette, Buff., pl. enlum. 885.

Habitat. La province de Constantine.

GENRE GARZETTE. — GARZETTA, Kaup.

216. GARZETTE AIGRETTE. — GARZETTA EGRETTA.

Garzetta egretta, Ch. Bonap., *Tabl. de l'ordre des Hérons, Compt. rend
de l'Acad. des Sc.* (1855), t. XL, p. 722, sp. 79.
O   Ardea garzetta, Linn., *Syst. nat.*, 12ᵉ édit. (1766), t. I, p. 237.
Egretta, Briss., *Ornith.* (1760), t. V, p. 431.
La petite Aigrette, Buff., pl. enlum. 901.

Sebkha. Donné par le capitaine Loche.

Habitat. Les trois provinces de l'Algérie.

GENRE GARDE-BŒUF. — BUBULCUS, Pucheran.

217. GARDE-BŒUF VERANY. — BUBULCUS IBIS.

Bubulcus ibis, Ch. Bonap., *Tabl. de l'ordre des Hérons, Compt. rend. de
l'Acad. des Sc.* (1855), t. XL, p. 722, sp. 85.
O   Ardea bubulcus, G. Cuv., *Coll. du Mus.*, d'après Vict. Audouin, *Egypte*
1809, t. I, p. 298.
Ardea Verany, Roux, *Ornith. prov.*, t. II, p. 316.

. . . très-vieux. Lac Fetzara. Donnés par le capitaine Loche.

Habitat. Les trois provinces de l'Algérie.

GENRE CRABIER. — BUPHUS, Boie.

218. CRABIER DE MAHON. — BUPHUS COMATUS.

Buphus comatus, CH. BONAP., *Tabl. de l'ordre des Hérons. Compt. rend.
de l'Acad. des Sc.* (1855), t. XL, p. 722, sp. 88.
Botaurus minor, BRISS., *Ornith.* 1760, t. V, p. 452.
Ardea comata, PALLAS, *Voy.* (1776), t. VIII de l'édit. fr., in-8°, Appendix,
p. 46.
Ardea ralloides, SCOPOLI, *Ann. I* (1768-72), n° 121.
Buphus ralloides, CH. BONAP., *Birds* (1838), p. 48.
Le Héron huppé de Mahon, BUFF., pl. enlum. 348.

. . . Lacs Fetzara et Halloula. Donnés par le capitaine Loche.

Habitat. Les provinces d'Alger et de Constantine.

GENRE BLONGIOS. — ARDEOLA, Ch. Bonap.

219. BLONGIOS VULGAIRE. — ARDEOLA MINUTA.

Ardeola minuta, CH. BONAP., *Birds* (1838), p. 48, et *Tabl. des Hérons* (1855),
sp. 109.
Ardea minuta, LINN., *Syst. nat.*, 12e édit. (1766), t. I, p. 240.
Le Blongios, BUFF., pl. enlum. 323.

. . . Lac Halloula. Donné par le capitaine Loche.

Habitat. La province d'Alger.

i Botaureæ

GENRE BUTOR. — BOTAURUS, Steph.

220. BUTOR VULGAIRE. — BOTAURUS STELLARIS.

Botaurus stellaris, CH. BONAP., *Birds* (1838), p. 48, et *Tabl. des Hérons*
(1855), sp. 111.
Ardea stellaris, LINN., *Syst. nat.*, 12e édit. (1766), t. I, p. 239.
Le Butor, BUFF., pl. enlum. 789.

Oued Boutri. Donné par le capitaine Loche.

Habitat. Toute l'Algérie.

J. Nycticoraceæ.

GENRE BIHOREAU. — NYCTICORAX, Steph.

221. BIHOREAU A MANTEAU. — NYCTICORAX GRISEUS.

Nycticorax griseus, Ch. Bonap., *Tabl. de l'ordre des Hérons, Compt. rend
de l'Acad. des Sc.* (1855), t. XL, p. 723, sp. 131.
Ardea nycticorax, Linn.; *Syst. nat.*, 12ᵉ édit. (1766), t. I, p. 235, et Ardea
grisea, p. 239.
Nycticorax ardeola, Temm., *Man. d'Ornith.*, 4ᵉ part. (1840), p. 180.
Le Bihoreau, le Pouacre et le Pouacre de Cayenne, Buff., pl. enlum. 758,
759 et 939.

♂ ♀ Lacs Fetzara et Halloula. Donnés par le capitaine Loche.

Habitat. Les trois provinces de l'Algérie.

TRIBU DES HYGROBATES. — HYGROBATÆ.

FAMILLE DES PHÉNICOPTÉRIDES. — PHŒNICOPTERIDÆ.

SOUS-FAMILLE DES PHÉNICOPTÉRINÉS. — PHŒNICOPTERINÆ.

GENRE PHÉNICOPTÈRE. — PHŒNICOPTERUS, Linn.

222. PHÉNICOPTÈRE ROSE. — PHŒNICOPTERUS ROSEUS.

Phœnicopterus roseus, Pallas, d'après Keys. et Blas., *Die Wirbelth.* (1840),
p. 81.
Phœnicopterus antiquorum. Temm., *Man.*, 4ᵉ part. (1840), p. 386.
Le Flamant, Buff., pl. enlum. 63.

Nehof — ‏نحف‏.

♂ Daya Kahla. Donné par M. Ballesteros, de Boghar.

Habitat. Les grands lacs de l'Algérie.

223 PHÉNICOPTÈRE ÉRYTHRÉUS. — PHOENICOPTERUS ERYTHRÆUS

Phœnicopterus erythraeus, J. et Ed. Verreaux, *Rev. et Mag. de Zool.* (1855),
p. 221, sp. 5.

Habitat. Les provinces d'Oran et de Constantine.

FAMILLE DES PLATALÉIDES. — PLATALEIDÆ.

SOUS-FAMILLE DES PLATALÉINÉS. — PLATALEINÆ.

GENRE SPATULE. — PLATALEA, Linn.

224 SPATULE BLANCHE. — PLATALEA LEUCORODIA.

Platalea leucorodia, Linn., *Syst. nat.*, 12e édit. (1766), t. I, p. 231.
La Spatule, Buff., pl. enlum. 405.

Bouquerquaba — بوقرقبة.

Cap Matifou. Donné par le capitaine Loche.

Habitat. Les provinces d'Alger et de Constantine.

FAMILLE DES TANTALIDES. — TANTALIDÆ

SOUS-FAMILLE DES IBINÉS. — IBINÆ.

GENRE COMATIBIS. — COMATIBIS, Reich.

225. COMATIBIS COMATA. — COMATIBIS COMATUS

Comatibis comatus, Ch. Bonap., *Tabl. de l'ordre des Hérons, Comptes
rend. de l'Acad. des Sc.* (1855), t. XL, p. 725, sp. 163.
Ibis calvus (Smith), Levaillant jun., *Explor. scient. de l'Alg. all., Ois.*
pl. 12.

Boghar. Donné par le général de division baron Renault

Bou-zagrou. Donné par le capitaine Loche

Habitat. Le sud de l'Algérie.

GENRE FALCINELLE. — FALCINELLUS, Bechst.

226. FALCINELLE VERT. — FALCINELLUS IGNEUS.

Falcinellus igneus, Rüpp., *Voy. N. O. Afr.* (1845), p. 122, sp. 151; — Ch. Bonap., *Cat. Parzud.* (1856), p. 10, sp. 340
Tantalus falcinellus, Linn., *Syst. nat.*, (12° édit. 1766), t. I, p. 241
Numenius viridis et castaneus, Briss., *Ornith.*, t. V, p. 326 et 329.
Ibis falcinellus, Vieill., *Dict. d'hist. nat.* (1817), t. XVI, p. 23
Le Courlis vert, Buff., pl. en'um. 819.

Maàzet el Mà — اﻟﻤﺎء ﻣﻌﺰة.

Guyotville. Donné par M. Théodore Landry.

Guellabou. Donné par le capitaine Loche.

Habitat. Les trois provinces de l'Algérie.

ORDRE DES PÉLAGIENS. — GAVIÆ.

TRIBU DES TOTIPALMES. — TOTIPALMI

FAMILLE DES PÉLÉCANIDES. — PELECANIDÆ.

SOUS-FAMILLE DES PÉLÉCANINÉS. — PELECANINÆ.

GENRE PÉLICAN. — PELECANUS, Linn.

227. PÉLICAN CRÉPU. — PELECANUS CRISPUS.

Pelecanus crispus, Brtch., *Isis* (1838), p. 1109.

Habitat. Se rencontre accidentellement en Algérie.

228. PÉLICAN BLANC. — PELECANUS ONOCROTALUS

Pelicanus onocrotalus, Linn., *Syst. nat.*, (12° édit. 1766), t. I, p. 945
Le Pélican, Buff., pl. en'lum. 87

Habitat. Se rencontre accidentellement en Algérie

FAMILLE DES PHALACROCORACIDES. — PHALACROCORACIDÆ.

SOUS-FAMILLE DES PHALACROCORACINES. — PHALACROCORACINÆ.

GENRE CORMORAN. — PHALACROCORAX. Briss.

229. CORMORAN COMMUN. — PHALACROCORAX CARBO.

Phalacrocorax carbo, Cuv., *Règne an.*, 2ᵉ édit. (1829), t. I, p. 562.
Graculus carbo aquaticus, Linn., *Syst. nat.*, 1ʳᵉ édit. (1735), et Pelecanus
    carbo, 12ᵉ édit. 1766, t. I, p. 216.
Carbo cormoranus, Mey. et Wolf, *Tasch. der Deuts.* (1810), t. II, p. 575.
Le Cormoran, Buff., pl. enlum. 927.

Lac Fetzara. Donné par le capitaine Loche.

Habitat. Les grands lacs de l'Algérie.

GENRE GRACULUS. — GRACULUS, Aldrov.

230. GRACULUS HUPPÉ. — GRACULUS CRISTATUS

Graculus cristatus, Ch. Bonap., *Tabl. des Pélag.*, *Compt. rend. de l'Acad.
    des Sciences* (1855), t. XLI, p. 1114, sp. 30.
Pelecanus graculus, Linn., *Syst. nat.*, 12ᵉ édit. (1766), t. I, p. 217
Carbo cristatus, Temm., *Man.*, 2ᵉ édit. (1820), t. II, p. 900.

Habitat. Les grands lacs de l'Algérie.

1 GRACULUS DESMARETS. — GRACULUS DESMARESTII

Graculus cristatus, α Desmaresti Payraudeau, Gould, *Birds of Eur.*,
    t. III; Ch. Bonap., *Tabl. des Garar.*, sp. 31.

Habitat. Les grands lacs de l'Algérie.

231 MICROCARBO PYGMÉE. — MICROCARBO PYGMÆUS.

Microcarbo pygmæus, Ch. Bonap., *Cat. Par. ad.* (1856), p. 10, sp. 318.
Pelecanus pygmæus, Pallas, *Zoo.* (1766), t. VIII de l'édit. franc. in-8
    Append., p. 1ᵉ

Carbo pygmaeus, TEMM., *Man.*, 2ᵉ édit. (1840), t. II, p. 901.
Hydrocorax pygmaeus, VIEILL., *Nouv. Dict. d'Hist. nat.* (1817), t. VIII,
p. 88.

Habitat. Les grands lacs de l'Algérie.

1. MICROCARBO D'ALGÉRIE. — MICROCARBO ALGERIENSIS.

Microcarbo pygmaeus. *a.* Algeriensis, CH. BONAP., *Cat. Parzud.* (1856),
p. 19, sp. 44.
Carbo Niepcii, MALH., *Faun. ornith. de l'Alg.* (1855), p. 38.

♂ ♀ Lac Fetzara. Donné par le capitaine Loche.

Habitat. La province de Constantine.

TRIBU DES LONGIPENNÉS. — LONGIPENNES.

FAMILLE DES PROCELLARIDES. — PROCELLARIDÆ.

SOUS-FAMILLE DES PROCELLARINÉS. — PROCELLARINÆ.

GENRE PROCELLARIE. — PROCELLARIA, Linn.

232. PROCELLARIE TEMPÊTE. — PROCELLARIA PELAGICA.

Procellaria pelagica, LINN., *Syst. nat.*, 12ᵉ édit. (1766), t. I, p. 212.
Thalassidroma pelagica, LESS., *Ornith.* (1831), p. 612.
L'Oiseau de tempête, BUFF., pl. enlum. 327.

Cap Matifou. Donné par le capitaine Loche.

Habitat. Se rencontre accidentellement en Algérie.

GENRE PUFFIN. — PUFFINUS, Briss.

233. PUFFIN MAJOR. — PUFFINUS MAJOR

Puffinus major, FABER, *Prodr. der Isl.* (1822), p. 56; — CH. BONAP.,
Cat. des Garia (1856), sp. 72.

Pointe Pescade. Donné par le capitaine Loche.

Habitat. De passage accidentel en Algérie.

234. PUFFIN CENDRÉ. — PUFFINUS ARCTICUS.

Puffinus arcticus, CH. BONAP., *Tabl. des Pélag., Compt. rend. de l'Acad. des Sciences* 1856, t. XLII, p. 769, sp. 73.
Procellaria puffinus, TEMM., *Man.*, 2ᵉ édit. (1820), t. II, p. 805.
Le Puffin, BUFF., pl. enlum. 962.

, Rade d'Alger. Donnés par le capitaine Loche.

Habitat. Se rencontre accidentellement sur les côtes de l'Algérie.

A PUFFIN DE KUHLE. — PUFFINUS KUHLII

Puffinus kuhlii, BOIE, *Isis* (1825), p. 257.
Nectris marrochyncha, HEUGLIN.

Rade d'Alger. Donné par M. Lallemant.

Habitat. De passage accidentel sur les côtes de l'Algérie.

235. PUFFIN OBSCUR. — PUFFINUS OBSCURUS

Puffinus obscurus, BOIE, *Isis* 1826, p. 980.
Procellaria obscura, GMEL., *Syst. nat.* (1788), t. I, p. 559.

Rade d'Alger. Donné par M. Lallemant.

Habitat. Accidentellement sur les côtes d'Algérie.

FAMILLE DES LARIDES. — LARIDÆ.

SOUS-FAMILLE DES LARINES. — LARINÆ.

G. Lareæ

GENRE DOMINICAIN. — DOMINICANUS, Bruch.

236. DOMINICAIN A MANTEAU NOIR. — DOMINICANUS MARINUS

Dominicanus marinus, CH. BONAP., *Tabl. des Pélag., Compt. rend. de l'Acad. des Sciences* (1856), t. XLII, p. 770, sp. 14.
Larus marinus, LINN., *Syst. nat.*, 12ᵉ édit. (1766), t. I, p. 225.
Le Goéland à manteau noir et le Goéland varié ou grisard, BUFF., pl. enlum. 266. Jeune sujet.

Habitat. De passage en Algérie.

GENRE LAROÏDE. -- LAROIDES, Brehm.

237. LAROÏDE ARGENTÉ. — LAROIDES ARGENTATUS.

Laroides argentatus, CH. BONAP., *Compt. rend. de l'Acad. des Sciences*
(1856), t. XLII, p. 770, sp. 25.
Larus argentatus, BRUNN., *Ornith. Bor.* (1764), p. 44.
Goëland à manteau bleu et blanc, BUFF., pl. enlum. 253 et 969.

Bône. Donné par le capitaine Loche.

Habitat. Les trois provinces de l'Algérie.

GENRE CLUPEILARUS. — CLUPEILARUS, Ch. Bonap.

238. CLUPEILARUS BRUN. — CLUPEILARUS FUSCUS.

Clupeilarus fuscus, CH. BONAP., *Comptes rend. de l'Acad. des Sciences*
(1856), t. XLII, p. 770, sp. 32.
Larus fuscus, LINN., *Syst. nat.*, 12ᵉ édit. (1766), t. I, p. 225.
Larus flavipes, MEY. et WOLF, *Tasch. der Deuts.* (1810), t. II, p. 469.

hiver. Rade d'Alger. Donné par le capitaine Loche.

Habitat. Le littoral de l'Algérie.

GENRE GAVINA. — GAVINA, Ch. Bonap.

239. GAVINA D'AUDOUIN. — GAVINA AUDOUINI.

Gavina Audouini, CH. BONAP., *Compt rend. de l'Acad. des Sciences* (1856),
t. XLII, p. 770, sp. 36.
Larus Audouini, PAYRAUDEAU, *Ann. des Sciences nat.* (1826), t. VIII,
p. 462.
Larus Audouini, LEVAILLANT jun., *Explor. scient. de l'Alg. atl., Ois.,*
pl. 13.

Habitat. Les côtes de l'Algérie.

GENRE MOUETTE. — LARUS, Linn.

240. MOUETTE CENDRÉE. — LARUS CANUS.

Larus canus, LINN., *Syst. nat.*, 12ᵉ édit. 1766, t. I, p. 224.
La grande Mouette cendrée, BUFF., pl. enlum. 997.

Habitat. Le littoral de l'Algérie.

GENRE RISSA.   RISSA, Leach.

241. RISSA TRIDACTYLE. — RISSA TRIDACTYLA.

Rissa tridactyla, Ch. Bonap., *Birds* (1838), p. 62, et *Tabl. des Pélag.*,
   sp. 42.
Larus tridactylus, Linn., *Syst. nat.*, 12e édit. (1766), t. I, p. 224.
Larus rissa, Brunn., *Ornith. Bor.* (1764), p. 42.

Habitat. Les côtes de l'Algérie.

GENRE GÉLASTE. — GELASTES. Ch. Bonap.

242. GÉLASTE A BEC GRÊLE. — GELASTES LAMBRUSCHINII.

Gelastes Lambruschinii, Ch. Bonap., *Faun. Ital.*, fasc. 43, t. I, et *Tabl. des
   Pélag.*, p. 25, sp. 45.
Larus gelastes, Lichtenstein, d'après Keys. et Blas.
Larus tenuirostris, Temm., *Man.*, 4e part. (1840), p. 478.

   Alger. Donné par le capitaine Loche.

Habitat. Les côtes de l'Algérie.

GENRE PAGOPHILE. — PAGOPHILA, Kaup.

243. PAGOPHILE SÉNATEUR. — PAGOPHILA EBURNEA.

Pagophila eburnea, Ch. Bonap., *Crit. sur Degl.* (1850), p. 200, sp. 482, et
   Tabl. des Pélag., sp. 52.
Larus eburneus, Gmel., *Syst. nat.* (1788), t. I, p. 596.

Habitat. Se montre accidentellement, à la suite des gros temps,
sur les côtes de l'Algérie.

R. Nemea

GENRE ATRICILLE. — ATRICILLA, Ch. Bonap.

244. ATRICILLE A CAPUCHON PLOMBÉ. — ATRICILLA CATESBEI.

Atricilla Catesbei, Ch. Bonap., *Tabl. des Pélag.*, *Compt. rend. de l'Acad.
   des Sciences* (1856), t. XLII, p. 774, sp. 61.
Larus atricilla, Linn., *Syst. nat.*, 12e édit. (1766), t. I, p. 225.

Habitat. De passage accidentel sur les côtes de l'Algérie.

GENRE GAVIE.   GAVIA, Briss.

245. GAVIE MÉLANOCÉPHALE. — GAVIA MELANOCEPHALA.

Gavia melanocephala, Ch. Bonap., *Tabl. des Pélag.*, *Compt. rend. de l'A
cad. des Sciences* (1856), t. XLII, p. 771, sp. 67.
Larus melanocephalus, Natterer, d'après Temm., *Man.*, 2ᵉ édit. (1820),
t. II, p. 777, et 4ᵉ part., p. 480.

♂ ♀, en hiver. Rade d'Alger. Donnés par le capitaine Loche.

Habitat. Les côtes de l'Algérie.

246. GAVIE RIEUSE. — GAVIA RUBIBUNDA.

Gavia rubibunda, Briss., *Ornith.* (1760), t. VI, p. 192.
Larus rubibundus, Linn., *Syst. nat.*, 12ᵉ édit. (1766), t. I, p. 225.
La Mouette rieuse, Buff., pl. enlum. 969 et 970.

Habitat. Les côtes de l'Algérie.

247. GAVIE CAPISTRÉE. — GAVIA CAPISTRATA.

Gavia capistrata, Ch. Bonap., *Tabl. des Pélag.*, *Compt. rend. de l'Acad.
des Sciences* (1856), t. XLII, p. 771, sp. 75.
Larus capistratus, Temm., *Man. d'Ornith.*, 2ᵉ édit. (1820), t. II, p. 294.

♂, hiver. Rade d'Alger. Donné par le capitaine Loche.

Habitat. Accidentellement sur les côtes de l'Algérie.

GENRE HYDROCOLÉE. — HYDROCOLEUS, Kaup.

248. HYDROCOLÉE PYGMÉE. — HYDROCOLEUS MINUTUS.

Hydrocoleus minutus, Ch. Bonap., *Tabl. des Pélag.*, *Compt. rend. de
l'Acad. des Sciences* (1856), t. XLII, p. 771, sp. 78.
Larus minutus, Pallas, *Voy.* (1776), édit. fr. in-8ᵒ, Append., p. 44.

♂, hiver. Mustapha. Donné par M. le baron de Vèze.

Habitat. Les côtes de l'Algérie.

SOUS-FAMILLE DES STERNINÉS.   STERNINÆ.

GENRE SYLOCHÉLIE. — SYLOCHELIDON, Brehm.

249. SYLOCHÉLIE TSCHEGRAVA. — SYLOCHELIDON CASPIA.

Sylochelidon Caspia, Ch. Bonap., *Birds* (1838), p. 62, et *Tabl. des Pelag.*,
    sp. 82.
Sterna Caspia, Pall., d'après Gmel., *Syst. nat.* (1788), t. I, p. 603.
Sterna megarhyncha, Mey. et Wolf, *Tasch. der Deuts.* (1810), t. II,
    p. 457.

Habitat. Les côtes de l'Algérie.

GENRE GELOCHÉLIE. — GELOCHELIDON, Brehm.

250. GELOCHÉLIE MÉRIDIONALE. — GELOCHELIDON MERIDIONALIS.

Gelochelidon meridionalis, Brehm., d'après Ch. Bonap., *Tabl. des Pelag.*,
    Compt. rend. de l'Acad. des Sciences (1856), t. XLII, p. 772, sp. 104; —
    Rupp., *F. N. O. Afr.*, p. 139, sp. 515.

Lac Fetzara. Donné par le capitaine Loche.

Habitat. La province de Constantine.

GENRE THALASSÉE. — THALASSEUS, Boie.

251. THALASSÉE CAUGEK. — THALASSEUS CANTIACUS.

Thalasseus cantiacus, Ch. Bonap., *Birds* (1838), p. 61, et *Tabl. des Pelag.*,
    sp. 107.
Sterna major, Briss., *Ornith.* (1760), t. VI, p. 203.
Sterna cantiaca, Gmel., *Syst. nat.* (1788), t. I, p. 606.
Sterna Boysii, Lath., *Ind. Ornith.* (1790), t. II, p. 806.
Sterna canescens, Mey. et Wolf, *Tasch. der Deuts.* (1810), t. II, p. 158.
Baou-el maa.

Habitat. Tout le littoral de l'Algérie.

252. THALASSÉE VOYAGEUSE. — THALASSEUS AFFINIS.

Thalasseus affinis, Ch. Bonap., *Crit. sur Degl.* (1850), p. 199, sp. 171, et
    Tabl. des Pelag., sp. 110.
Sterna affinis, Rupp., *Afr.*, t. XV; — Temm., *Man.*, 4e part. (1840), p. 454.

Habitat. Se rencontre sur les côtes de l'Algérie.

GENRE STERNE.   STERNA, Linn.

253. STERNE PIERRE GARIN. — STERNA HIRUNDO.

Sterna hirundo, LINN., *Syst. nat.*, 12ᵉ édit. (1766), t. I, p. 227.
O   Sterna arctica, TEMM., *Man.*, 2ᵉ édit. (1820), t. II, p. 742.
Sterna macroura, NAUMANN, *Isis* (1819), p. 1847.
Le Pierre Garin ou la grande Hirondelle de mer, BUFF., pl. enlum. 987.

Habitat. Les côtes de l'Algérie.

254. STERNE FLUVIATILE. — STERNA FLUVIATILIS.

Sterna fluviatilis, NAUMANN; — CH. BONAP., *Tabl. des Pélag.*, *Compt. rend.*
de l'Acad. des Sciences (1856), t. XLII, p. 772, sp. 125.
Sterna hirundo, TEMM., *Man.*, 2ᵉ édit. (1820), t. II, p. 740.

Habitat. Les côtes de l'Algérie.

GENRE STERNULE. — STERNULA, Boie.

255. STERNULE MINUTE. — STERNULA MINUTA.

Sternula minuta, CH. BONAP., *Crit. sur Degl.* (1850), p. 199, sp. 477, et
Tabl. des Pélag., sp. 137.
O   Sterna minuta, LINN., *Syst. nat.*, 12ᵉ édit. (1766), t. I, p. 228.
La petite Hirondelle de mer, BUFF., pl. enlum. 996.

Habitat. Les côtes de l'Algérie.

GENRE HIRONDELLE DE MER. — HYDROCHELIDON, Boie.

256. HIRONDELLE DE MER EPOUVANTAIL. — HYDROCHELIDON FISSIPES.

Hydrochelidon fissipes, CH. BONAP., *Crit. sur Degl.* (1850), p. 260, sp. 480,
et *Tabl. des Pélag.*, sp. 146.
Sterna fissipes, LINN., *Syst. nat.*, 12ᵉ édit. (1766), t. I, p. 228.
O   Sterna nigra et naevia, BRISS., *Ornith.*, t. VI, p. 211 et 217.
Sterna nigra, TEMM., *Man.*, 2ᵉ édit. (1820), t. II, p. 739.
L'Hirondelle de mer à tête noire et la Guisette noire ou Epouvantail, BUFF.,
pl. enlum. 333 et 924.

O   Port d'Alger. Donné par le capitaine Loche.

Habitat. Les trois provinces de l'Algérie.

8

257. HIRONDELLE DE MER LEUCOPTÈRE. — HYDROCHELIDON NIGRA.

Hydrochelidon nigra, Ch. Bonap., *Tabl. des Pélag.*, *Compt. rend. de l'Acad. des Sciences* (1856), t. XLII, p. 773, sp. 147.

Sterna nigra, Linn., *Syst. nat.*, 12e édit. (1766), t. I, p. 608.

Sterna leucoptera, Temm., *Man.*, 2e édit. (1820), t. II, p. 747.

Lac Halloula. Donné par le capitaine Loche.

Habitat. Les grands lacs de l'Algérie.

258. HIRONDELLE DE MER MOUSTAC. — HYDROCHELIDON HYBRIDA

Hydrochelidon hybrida, Ch. Bonap., *Crit. sur Degl.* (1850), p. 199, sp. 178. et *Tabl. des Pélag.*, sp. 150

Sterna hybrida, Pall., *Zoog.* (1811-31), t. II, p. 338

Sterna leucopareia, Natterer, d'après Temm., *Man.*, 2e édit. (1820), t. II, p. 374.

Sterna Delamottii, Vieill., *Faun. fr.* (1820), p. 402

Habitat. Les grands lacs de l'Algérie.

TRIBU DES URINATORES. — URINATORES

FAMILLE DES ALCIDES. — ALCIDÆ.

SOUS-FAMILLE DES ALCINES. — ALCINÆ.

GENRE PINGOUIN. — ALCA, Linn.

259. PINGOUIN TORDA. — ALCA TORDA.

Alca torda, Linn., *Syst. nat.*, 12e édit. (1766), t. I, p. 210.

Alca minor, Briss., *Ornith.* (1760), t. VI, p. 89.

Alca unisulcata, Brünn., *Ornith. Bor.* (1764), p. 25.

Le petit Pingouin, Buff., pl. enlum. 1003 et 1004.

Pointe Pescade. Donnés par le capitaine Loche.

Habitat. Se rencontre accidentellement sur les côtes de l'Algérie.

SOUS-FAMILLE DES PHALÉRIDINÉS. — PHALERIDINÆ.

GENRE MACAREUX. — MORMON, Illig.

260. MACAREUX MOINE. — MORMON ARCTICA.

Mormon arctica, Ch. Bonap., *Birds* (1838), p. 66, et *Tabl. des Pelag.*,
  Compt. rend. de l'Acad. des Sciences (1856), t. XLII, p. 774.
Alca arctica, Linn., *Syst. nat.*, 12° édit. (1766), t. I, p. 211.
Mormon fratercula, Temm., *Man.*, 2° édit. (1820), t. II, p. 935.

Rade d'Alger. Donné par le capitaine Loche.

Habitat. Se rencontre accidentellement sur les côtes de l'Algérie.

FAMILLE DES COLYMBIDES. — COLYMBIDÆ.

SOUS-FAMILLE DES COLYMBINÉS. — COLYMBINÆ.

GENRE PLONGEON. — COLYMBUS, Linn.

261. PLONGEON IMBRIM. — COLYMBUS GLACIALIS.

Colymbus glacialis, Linn., *Syst. nat.*, 12° édit. (1766), t. I, p. 231.
L'Imbrim ou grand Plongeon, Buff., pl. enlum. 952.

hiver. Cap Matifou. Donné par le capitaine Loche.

Habitat. De passage accidentel en hiver sur les côtes de l'Algérie.

262. PLONGEON CAT MARIN. — COLYMBUS SEPTENTRIONALIS.

Colymbus septentrionalis, Linn., *Syst. nat.*, 12° édit. (1766), t. I, p. 220.
Colymbus borealis, Brünn., *Ornith. Bor.* (1764), p. 39.
Le Plongeon à gorge rousse, Buff., pl. enlum. 308 et 992.

hiver. Cap Matifou. Donné par le capitaine Loche.

Habitat. Se rencontre accidentellement en hiver sur les côtes de l'Algérie.

FAMILLE DES PODICIPIDES. — PODICIPIDÆ.

SOUS-FAMILLE DES PODICIPINÉS. — PODICIPINÆ.

GENRE GRÈBE. — PODICEPS, Lath.

263. GRÈBE HUPPÉ. — PODICEPS CRISTATUS.

Podiceps cristatus, LATH., *Ind. Ornith.* (1790), t. II, p. 780.
Colymbus cristatus, LINN., *Syst. nat.*, 12e edit. (1766), t. I, p. 222.
Colymbus cornutus, BRISS., *Ornith.*, t. VI, p. 45.
BUFF., pl. enlum. 400.

2 Lac Halloula. Donné par le capitaine Loche.

Habitat. Les grands lacs de l'Algérie.

264. GRÈBE JOUE-GRIS. — PODICEPS SUBCRISTATUS

Podiceps subcristatus, CH. BONAP., *Crit. sur Degl.* (1850), p. 206, sp. 526,
et *Tabl. des Garar*, sp. 40.
Colymbus subcristatus, GMEL., *Syst. nat.* (1788), t. I, p. 590.
Podiceps rubricollis, LATH., *Ind. Ornith.* (1790), t. I, p. 783.
Le Jougris, BUFF., pl. enlum. 931

2 Lac Fetzara. Donné par le capitaine Loche.

Habitat. Le lac Fetzara, dans la province de Constantine.

265. GRÈBE ESCLAVON. — PODICEPS SCLAVUS.

Podiceps Sclavus, CH. BONAP., *Revi. des Pelag.*, *Compt. rend. de l'Acad.
des Sciences* (1856), t. XLIII, p. 775, sp. 45.
Colymbus cornutus minor, BRISS., *Ornith.* (1760), t. VI, p. 50.
Podiceps cornutus, LATH., *Ind. Ornith.* (1790), t. II, p. 782.
Le petit Grèbe cornu ou Grèbe d'Esclavonie, BUFF., pl. enlum. 404.

2 Lac Fetzara. Donné par le capitaine Loche.

Habitat. Les grands lacs de l'Algérie.

266. GRÈBE OREILLARD. — PODICEPS NIGRICOLLIS.

Podiceps nigricollis, SUNDEV., d'après Ch. Bonap., *Tabl. des Pelag.*, *Compt.
rend. de l'Acad. des Sciences* (1856), t. XLIII, p. 775, sp. 46.

Podiceps auritus, LATH., *Ind. Ornith.* (1790), t. II, p. 781

♂ Rade d'Alger. Donné par le capitaine Loche.

Habitat. Les lacs de l'Algérie.

GENRE CASTAGNEUX. — TACHYBAPTUS, Reich.

267. CASTAGNEUX VULGAIRE. — TACHYBAPTUS MINOR.

Tachybaptus minor, CH. BONAP., *Tabl. des Pélag., Compt. rend. de l'Acad. des Sciences* (1856), t. XLII, p. 775, sp. 52.
Colymbus fluviatilis, BRISS., *Ornith.* (1760), t. VI, p. 59.
Colymbus minor et Hebridicus, GMEL., *Syst. nat.* 1788, t. I, p. 591 et 594.
Podiceps minor, LATH., *Ind.* 1790, t. II, p. 784.
Le Castagneux, BUFF., pl. enlum. 905.

♂ Lac Fetzara. Donné par le capitaine Loche.

Habitat. Les trois provinces de l'Algérie.

SOUS-CLASSE DES PRÉCOCES. — PRÆCOCES.

ORDRE DES GALLINACÉS. — GALLINÆ.

TRIBU DES GALLINACÉES. — GALLINACEÆ.

SÉRIE DES PERDICÉS. — PERDICES.

FAMILLE DES PTÉROCLIDES. — PTEROCLIDÆ.

SOUS-FAMILLE DES PTÉROCLINÉS. — PTEROCLINÆ.

GENRE GANGA. — PTEROCLES, Temm.

268. GANGA UNIBANDE. — PTEROCLES ARENARIUS

Pterocles arenarius, TEMM., *Man.*, 2ᵉ édit. 1820, t. II, p. 473.
Tetrao arenarius, PALL., *Voy.* 1776, t. VIII de l'édit. fr., Append., p. 53.

El Koudry — الكدري.

Plaine du Chélif. Donné par le capitaine Loche.

Habitat. Les trois provinces de l'Algérie.

269. GANGA COURONNÉ. — PTEROCLES CORONATUS (1).

Pterocles coronatus, Licht.; Ch. Bonap., *Tabl. des Gallinacées, Comptes rend. de l'Acad. des Sciences* (1856), t. XLII, p. 880, sp. 132.

Daïa el Nos (Sahara). Donnés par le capitaine Loche.

Habitat. Le Sahara algérien.

GENRE CATA.   PTEROCLURUS, Ch. Bonap.

270. CATA VULGAIRE — PTEROCLURUS ALCHATA.

Pteroclurus alchata, Ch. Bonap., *Tabl. des Gallin., Compt. rend. de l'Acad. des Sciences* (1856), t. XLII, p. 880, sp. 134.
Tetrao alchata, Linn., *Syst. nat.*, 12ᵉ édit. (1766), t. I, p. 276.
OEnas cata, Vieill., *Dict. d'Hist. nat.* (1817), t. XII, p. 418.
Le Ganga, vulgairement appelé la Gélinotte des Pyrénées, Buff., pl. enlum. 105.

El Gatcha — القطا.

Laghouat. Donné par le capitaine Loche.

Ghardhaïa. Donné par le capitaine Loche.

Non adulte. Donné par le docteur Reboud.

Habitat. Les trois provinces de l'Algérie.

271. CATA SÉNÉGALIEN. — PTEROCLURUS SENEGALUS.

Pteroclurus Senegalus, Ch. Bonap., *Tabl. des Gall., Compt. rend. de l'Acad. des Sciences* (1856), t. XLII, p. 880, sp. 137.

(1) Le *Pterocles coronatus* que nous avons rencontré dans le Sahara, pendant l'expédition de 1856-57, n'avait pas encore, que nous sachions, été signalé comme se trouvant en Algérie.

Tetrao Senegalus, Linn., *Syst. nat.*, 12ᵉ édit. (1766), t. I, p. 276.
Pterocles guttatus, Licht.

. . . Khoua el Ioudi. Donné par le capitaine Loche.

Habitat. Le Sahara algérien.

FAMILLE DES PERDICIDÉS. — PERDICIDÆ.

SOUS-FAMILLE DES PERDICINÉS. — PERDICINÆ.

GENRE CACCABIS. — **CACCABIS**, Kaup.

272. CACCABIS GAMBRA. — CACCABIS PETROSA.

Caccabis petrosa, Ch. Bonap., *Tabl. des Gallin., Compt. rend de l'Acad.
    des Sciences* (1856), t. XLII, p. 882, sp. 211.
O   Perdrix rubra Barbarica, Briss., *Ornith.* (1760), t. I, p. 239.
    Tetrao petrosus, Gmel., *Syst. nat.* (1788), t. I, p. 758.
    Perdrix petrosa, Lath., *Ind.* (1790), t. II, p. 548.

El Hadjel — الحجل.

. . . . V. acc. Merhouma, Beni Sliman, Sahara. Donnés par le
capitaine Loche.

Habitat. Toute l'Algérie.

SOUS-FAMILLE DES COTURNICINÉS. — COTURNICINÆ.

GENRE CAILLE. — **COTURNIX**, Briss.

273. CAILLE COMMUNE. — COTURNIX COMMUNIS.

Coturnix communis, Ch. Bonap., *Crit. sur Degl.* (1850), p. 176, sp. 316,
    et *Tabl. des Gallin.* (1856), sp. 274.
O   Tetrao coturnix, Linn., *Syst. nat.*, 12ᵉ édit. (1766), t. I, p. 278.
    Perdix coturnix, Lath., *Ind. Ornith.* (1790), t. I, p. 651.
    Coturnix dactylisonans, Meyer; Temm., 1ʳᵉ édit. (1815), p. 311.
    La Caille, Buff., pl. enlum. 96.

Semmana   السمانة, et au Maroc Melloha   الملوحة.

Var. Mitidja. Maison-Carrée. Donnés par le capitaine Loche
et M. Alfred Lebas.

Habitat.

SOUS-FAMILLE DES TURNICINES. — TURNICINÆ.

GENRE TURNIX. — TURNIX, Bonn.

274. TURNIX AFRICAIN. — TURNIX AFRICANA

Turnix Africana, Ch. Bonap., *[illegible] pareil. des Gall*, *Compt. rend. de
l'Acad. des Sciences* 1856), t. XLII, [illegible] 884, sp. 272.
Tetrao sylvaticus, Desfont., *[illegible]*; Ch. Bonap., *Add. et correct.
aux Tabl. des Perdrix*, *Compt. rend. de l'Acad.* 1856, t. X[illegible].
Turnix Africanus, *Essai, [illegible]*, t. I, [illegible]
Tetrao Gibraltaricus et Andalusicus, Gmel., *Syst. nat.* [illegible], t. I, p. 766.
Perdix Gibraltarica, *[illegible]*, [illegible]
Hemipodius tachydromus, *[illegible]*, 1856, t. II, p. 194, et
4e part. 1855, p. 77.

[illegible] Coleah. Donnés par le capitaine Loche.

Habitat. Les trois provinces de l'Algérie.

ORDRE DES ÉCHASSIERS. — GRALLÆ.

TRIBU DES COUREURS. — CURSORES.

FAMILLE DES OTIDIDES. — OTIDIDÆ.

SOUS-FAMILLE DES OTIDINES. — OTIDINÆ.

GENRE OUTARDE. — OTIS, Linn.

275. OUTARDE BARBUE. — OTIS TARDA.

Otis tarda, Linn., *Syst. nat.*, 12e édit. (1766), t. I, p. 266.
Otis tarda, Linn., Levaillant jun., *Expl. scient. de l'Alg., all., Ois.*, pl. 11.
L'Outarde, Buff., pl. enlum. 245.

Habitat. Accidentellement en Algérie.

GENRE CANEPETIÈRE. — TETRAX, Ch. Bonap.

276. CANEPETIÈRE VULGAIRE. — TETRAX CAMPESTRIS.

Tetrax campestris, Lesch., d'après Ch. Bonap., *Tabl. des Echass., Compt.
  rend. de l'Acad. des Sciences* (1856), t. XLIII, sp. 2.
O Otis tetrax, Linn., *Syst. nat.*, 12e édit. (1766, t. I, p. 26).
  La Canepetiere, Buff., pl. enlum. 25.
  La Poule de Carthage des colons de l'Algérie.

Sessaf — ‏سساف‎. — et au Maroc Raad — ‏رعد‎.

♂♀ Plaine du Chélif. Donnés par le capitaine Loche.

Habitat. Les trois provinces de l'Algérie.

GENRE HOUBARA — HUBARA, Ch. Bonap.

277. HOUBARA ORDINAIRE. — HUBARA UNDULATA.

Hubara undulata, Ch. Bonap., *Crit. sur Degl.* (1850), p. 179, sp. 234, et
  Tabl. des Echass., sp. 13.
O Otis houbara, Gmel., *Syst. nat.* (1788), t. I, p. 725.

Habara — ‏حبارة‎.

♂ Jeune. Sahara. Donné par le capitaine Loche.

Habitat. Le sud de l'Algérie.

GENRE CHORIOTIS. — CHORIOTIS, Ch. Bonap.

278. CHORIOTIS ARABE. — CHORIOTIS ARABS.

Choriotis Arabs, Ch. Bonap., *Tabl. des Echass., Compl. rend. de l'Acad.
  des Sciences* 1856, t. XLIII, sp. 19.
Otis Arabs, Linn., *Syst. nat.*, 12e edit. (1766), t. I, p. 264.
Otis Abyssinica, Gray, *In grif. an Kingd.*
Otis Arabs, Levaillant jun., *Explor. scient. de l'Alg., atl., Ois.*, pl. 10.

Habitat. Se rencontre accidentellement en Algérie.

FAMILLE DES CHARADRIIDES. — CHARADRIIDÆ.

SOUS-FAMILLE DES ŒDICNÉMINÉS. — ŒDICNEMINÆ.

GENRE ŒDICNÈME. — ŒDICNEMUS, Temm.

279. ŒDICNÈME CRIARD — ŒDICNEMUS CREPITANS.

Œdicnemus crepitans, TEMM., *Man.*, 2ᵉ édit. (1820), t. II, p. 521.
Charadrius œdicnemus, LINN., *Syst. nat.*, 12ᵉ édit. (1766), t. I, p. 255.
Œdicnemus Europeus, VIEILL., *Dict. d'Hist. nat.* (1815), t. XXIII, p. 230.
Le grand Pluvier de terre, BUFF., pl. enlum. 919.

Kiroua — كروان.

Orléansville. Donné par le capitaine Loche.

Djelfa. Donné par le capitaine Loche.

Habitat.

SOUS-FAMILLE DES CHARADRIINÉS. — CHARADRIINÆ.

GENRE SQUATAROLE. — SQUATAROLA, Cuv.

280. SQUATAROLE HELVÉTIQUE. — SQUATAROLA HELVETICA.

Squatarola Helvetica, CH. BONAP., *Birds* (1828), p. 46, et *Tabl. des Échass.*
    (1856), sp. 31.
Tringa Helvetica et varia, LINN., *Syst. nat.*, 12ᵉ édit. (1766), t. I, p. 250 et
    252.
Vanellus griseus et Helveticus, BRISS., *Ornith.* (1760), t. V, p. 100, 103 et
    106.
Le Vanneau suisse, BUFF., pl. enlum. 853 et 854.

, etc. Fouka. Donné par le capitaine Loche.

Habitat. Se rencontre accidentellement sur les côtes de l'Al
gérie.

GENRE PLUVIER. — PLUVIALIS, Briss.

281. PLUVIER DORÉ. — PLUVIALUS APRICARIUS.

Pluvialis apricarius, CH. BONAP., *Tabl. des Échass., Compt. rend. de l'A-
cad. des Sciences* (1856), t. XLIII, sp. 34.
Charadrius pluvialis et apricarius, LINN., *Syst. nat.*, 12ᵉ édit. (1766), t. I,
p. 254.
Le Pluvier doré, BUFF., pl. enlum. 904.

Dorrich — درّيش.

♂. hiver. Beni Moussa. Donné par le capitaine Loche.

Habitat. Toute l'Algérie.

GENRE MORINELLE. — MORINELLUS, Ray.

282. MORINELLE GUIGNARD. — MORINELLUS SIBIRICUS.

Morinellus Sibiricus, CH. BONAP., *Tabl. des Échass., Compt. rend. de
l'Acad.* (1856), t. XLIII, sp. 42.
Charadrius morinellus, LINN., *Syst. nat.*, 12ᵉ édit. (1766), t. I, p. 254.
Le Pluvier Guignard, BUFF., pl. enlum. 832.

Boghar. Donné par le capitaine Loche.

Habitat. Les trois provinces de l'Algérie.

GENRE REBAUDET. — CHARADRIUS.

283. REBAUDET A COLLIER. — CHARADRIUS HIATICULA

Charadrius hiaticula, LINN., *Syst. nat.*, 12ᵉ édit. 1766), t. I, p. 253
Pluvialis torquata, BRISS., *Ornith.* (1760), t. V, p. 60.
Le Pluvier à collier, BUFF., pl. enlum. 920.

Harrach. Donné par le capitaine Loche.

Habitat. Les trois provinces de l'Algérie.

284. REBAUDET GRAVELOTTE — CHARADRIUS CURONICUS.

Charadrius curonicus, BESEKE, d'apr. Gmel., *Syst. nat.* 1789, t. I, p. 692

Charadrius minor, Mey. et Wolf., *Tasch. der Deuts* (1810), t. II, p. 324.
Le petit Pluvier à collier, Buff., pl. enlum. 921.

Massafran. Donné par le capitaine Loche.

Habitat. Les provinces d'Alger et de Constantine.

285. PLUVIER À COLLIER INTERROMPU. — CHARADRIUS CANTIANUS.

Charadrius cantianus, Lath., *Ind. Ornith.*, *suppl.* (1802), p. 66.
Charadrius albifrons, Mey. et Wolf., *Tasch. der Deuts.* (1810), t. II, p. 322.

Harrach. Donné par le capitaine Loche.

Habitat. La province d'Alger et le sud de l'Algérie.

b. Vanelleæ.

GENRE VANNEAU. — VANELLUS, Briss.

286. VANNEAU HUPPÉ. — VANELLUS CRISTATUS.

Vanellus cristatus, Mey. et Wolf., *Tasch. der Deuts.* (1810), t. II, p. 400.
Tringa vanellus, Linn., *Syst. nat.*, 12e édit. (1766), t. I, p. 248.
Le Vanneau huppé, Buff., pl. enlum. 242.

Bibeth — [illegible]

Beni Moussa. Donné par le capitaine Loche.

Habitat. Toute l'Algérie.

SOUS-FAMILLE DES CURSORINÉS. — CURSORINÆ.

GENRE COURE-VITE. — CURSORIUS, Lath.

287. COURE-VITE ISABELLE. — CURSORIUS GALLICUS.

Cursorius Gallicus, Ch. Bonap., *Cat. sur Degl.* (1850), p. 181, sp. 350.
Charadrius Gallicus, Gmel., *Syst. nat.* (1788), t. I, p. 692.
Cursorius Europæus, Lath., *Ind. Ornith.* (1790), t. II, p. 751.
Cursorius Isabellinus, Mey. et Wolf., *Tasch. der Deuts.* (1810), t. II, p. 328.
Le Coure-vite, Buff., pl. enlum. 795.

Souak-el-ibel — سواق الابل (piqueur de chameaux).

Biskra. Donné par M. Coulongeon.

Habitat. Le sud de l'Algérie.

GENRE PLUVIAN. — PLUVIANUS, Vieill.

288. PLUVIAN MÉLANOCÉPHALE. — PLUVIANUS ÆGYPTIUS.

Pluvianus Ægyptius, CH. BONAP., *Tabl. des Echass., Compt. rend. de l'Acad. des Sciences* (1856), t. XLIII, sp. 112.
Charadrius melanocephalus, GMEL., *Syst. nat.* (1788), t. I, p. 692.
Pluvianus melanocephalus et chlorocephalus, VIEILL., *Dict.* (1818), t. XXVII, p. 129 et 130.

Habitat. Se rencontre accidentellement en Algérie.

FAMILLE DES GLARÉOLIDÉS. — GLAREOLIDÆ.

SOUS-FAMILLE DES GLARÉOLINÉS. — GLAREOLINÆ.

GENRE GLARÉOLE. — GLAREOLA, Briss.

289. GLARÉOLE A COLLIER. — GLAREOLA PRATINCOLA.

Glareola pratincola, CH. BONAP., *Birds* (1838, p. 13, et *Tabl. des Echass.* 1856, sp. 114.
Hirundo pratincola, LINN., *Syst. nat.,* 12ᵉ édit. 1766), t. I, p. 345.
Glareola Austriaca GMEL., *Syst. nat.* 1788, t. I, p. 695.
Glareola torquata, MEY. et WOLF. *Tasch. der Deuts.* 1810, t. I, p. 404.
La Perdrix de mer, BUFF., pl. enlum. 882.

Lac Fezzara. Donné par le capitaine Loche.

Habitat. Les trois provinces de l'Algérie.

FAMILLE DES HÉMATOPODIDÉS. — HÆMATOPODIDÆ.

SOUS-FAMILLE DES STREPSILINÉS. — STREPSILINÆ.

GENRE TOURNE-PIERRE. — STREPSILAS, Illig.

290. TOURNE-PIERRE VULGAIRE. — STREPSILAS INTERPRES.

Strepsilas interpres, CH. BONAP., *Birds* 1838, p. 46.

Tringa interpres, LINN., *Syst. nat.*, 12ᵉ edit. 1766, t. I. p. 248.
Strepsilas collaris, TEMM., *Man.*, 2ᵉ edit. 1820, t. II. p. 553.
Le Coulon-chaud et le Coulon-chaud de Cayenne, BUFF., pl. enlum. 856, 340
    et 357

Cap Matifou. Donnés par le capitaine Loche.

Habitat. Le littoral de la province d'Alger.

SOUS-FAMILLE DES HÉMATOPODINES. — HÆMATOPODINÆ

GENRE HUITRIER. — HÆMATOPUS. Linn.

291. HUITRIER-PIE. — HÆMATOPUS OSTRALEGUS.

Hæmatopus ostralegus, LINN., *Syst. nat.*, 12ᵉ edit. 1766, t. I. p. 257.
Ostralegus Europæus, LESS., *Ornith.* 1831, p. 548.
L'Huitrier, BUFF., pl. enlum. 929.

Maison-Carrée. Donnés par le capitaine Loche.

Habitat. Les trois provinces de l'Algérie.

FAMILLE DES RECURVIROSTRIDES. — RECURVIROSTRIDÆ

SOUS-FAMILLE DES HIMANTOPODINES. — HIMANTOPODINÆ

GENRE ÉCHASSE. HIMANTOPUS, Briss.

292. ÉCHASSE ORDINAIRE. — HIMANTOPUS CANDIDUS.

Himantopus candidus, CH. BONAP., *Crit. sur Degl.* 1850, p. 183, sp. 408
    et *Tabl. des Échass.* 1856, sp. 448.
Charadrius himantopus, LINN., *Syst. nat.*, 12ᵉ edit. 1766, t. I. p. 255.
Himantopus melanopterus, TEMM., *Man.*, 2ᵉ edit. 1820, t. II. p. 528.
L'Échasse, BUFF., pl. enlum. 878.

Maison-Carrée. Donné par le capitaine Loche.

Habitat. Les trois provinces de l'Algérie.

SOUS-FAMILLE DES RÉCURVIROSTRINÉS. — RECURVIROSTRINÆ.

GENRE RÉCURVIROSTRE. — RECURVIROSTRA, Linn.

293. RÉCURVIROSTRE AVOCETTE. — RECURVIROSTRA AVOCETTA.

Recurvirostra avocetta, Linn., *Syst. nat.*, 12ᵉ édit. (1766), t. I, p. 256.
O   L'Avocette, Buff., pl. enlum. 353.

Harrach. Donné par le capitaine Loche.

Habitat. Les trois provinces de l'Algérie.

FAMILLE DES PHALAROPODIDES. — PHALAROPODIDÆ

SOUS-FAMILLE DES PHALAROPODINÉS. — PHALAROPODINÆ.

GENRE LOBIPÈS. — LOBIPES, Cuv.

294. LOBIPÈS HYPERBORÉ. — LOBIPES HYPERBOREUS

Lobipes hyperboreus, Cuv., *Règne an.*, 2ᵉ édit. 1829, t. I, p. 539.
Tringa hyperborea, Linn., *Syst. nat.* 12ᵉ édit. 1766, t. I, p. 249
Phalaropus hyperboreus, Lath., *Ind. Ornith.* (1790), t. II, 775
Le Phalarope de Sibérie, Buff., pl. enlum. 766

Habitat. Très accidentellement en Algérie.

FAMILLE DES SCOLOPACIDES. — SCOLOPACIDÆ.

SOUS-FAMILLE DES SCOLOPACINÉS. — SCOLOPACINÆ.

GENRE BÉCASSE. — SCOLOPAX, Linn.

295. BÉCASSE ORDINAIRE. — SCOLOPAX RUSTICOLA

Scolopax rusticola, Linn., *Syst. nat.*, 12ᵉ édit. (1766), t. I, p. 243
Rusticola vulgaris, Vieill., *Dict.* 1816, t. XXIII, p. 348.
Rusticola Europea, Less., *Ornith.* (1831), p. 555.
La Bécasse, Buff., pl. enlum. 885.

L'Arba. Donné par le capitaine Loche.

Habitat. Toute l'Algérie.

GENRE BÉCASSINE. — GALLINAGO, Leach.

296. BÉCASSINE DOUBLE. — GALLINAGO MAJOR.

Gallinago major, Ch. Bonap., *Birds* (1838), p. 52.
Scolopax major, Gmel., *Syst. nat.* (1788), t. I, p. 661.
Scolopax media, Vieill., *Dict. d'hist. nat.* (1816), t. XXIII, p. 358.

Maison-Carrée. Donné par le capitaine Loche.

Habitat. De passage en Algérie.

297. BÉCASSINE ORDINAIRE. — GALLINAGO SCOLOPACINUS.

Gallinago scolopacinus, Ch. Bonap., *Birds* (1838), p. 52.
Scolopax gallinago, Linn., *Syst. nat.*, 12e édit. (1766), t. I, p. 244.
La Bécassine, Buff., pl. enlum. 883.

Sidi Moussa. Donné par le capitaine Loche.

Habitat. Les trois provinces de l'Algérie.

GENRE LYMNOCRYPTES. — LYMNOCRYPTES, Kaup.

298. LYMNOCRYPTES SOURDE. — LYMNOCRYPTES GALLINULA.

Lymnocryptes gallinula, Kaup, d'après Ch. Bonap., *Tab. des Échass.*, [illegible], sp. 199.
Scolopax gallinula, Linn., *Syst. nat.*, 12e édit. (1766), t. I, p. 244.
La petite Bécassine ou la Sourde, Buff., pl. enlum. 884.

Mitidja. Donné par le capitaine Loche.

Habitat. Les trois provinces de l'Algérie.

SOUS-FAMILLE DES TRINGINÉS. — TRINGINÆ.

1. Tringées.

GENRE COMBATTANT. — MACHETES, Cuv.

299. COMBATTANT VARIABLE. — MACHETES PUGNAX.

Machetes pugnax, Cuv., *Règne anim.*, 2e édit. (1829), t. I, p. 527.
Tringa pugnax, Linn., *Syst. nat.*, 12e édit. (1766), t. I, p. 247.

Tringa cinerea, Briss., *Ornith.*, t. V, p. 203.
Tringa variegata, Brünn., *Ornith. Bor.* (1764), p. 51.
Le Paon de mer. Buff., pl. enlum. 305.

·, Cap Matifou. Donnés par le capitaine Loche.

Habitat. De passage en Algérie.

GENRE SANDERLING. — CALIDRIS, Ill.

300. SANDERLING VARIABLE. — CALIDRIS ARENARIA.

Calidris arenaria, Ill., *Prodr.* (1811), p. 249.
Charadrius calidris, Linn., *Syst. nat.*, 12e édit. (1766), t. I, p. 255.

♂ Massafran. Donné par le capitaine Loche.

Habitat. Accidentellement en Algérie.

GENRE LIMICOLE. — LIMICOLA, Koch.

301. LIMICOLE PLATYRHINQUE. — LIMICOLA PYGMÆA.

Limicola pygmæa, Koch; Keys. et Blas., *Die Wirbelth.* (1840), p. LXXVII.
Tringa platyrhyncha, Temm., *Man.*, 2e édit. (1820), t. II, p. 616.

Habitat. De passage accidentel en Algérie.

GENRE BÉCASSEAU. — TRINGA, Linn.

302. BÉCASSEAU MAUBÈCHE. — TRINGA CANUTUS.

Tringa canutus, cinerea, calidris et Islandica, Linn., *Syst. nat.*, 12e édit.
  (1766), t. I, p. 250 et 251.
Tringa nævia, cinerea et grisea. Gmel., *Syst. nat.* (1788), t. I, p. 679, 681
  et 682.
La Maubèche tachetée, Buff., pl. enlum. 365.

♂ été, ♂ hiver. Lac Halloula. Donnés par le capitaine Loche.

Habitat. De passage périodique en Algérie.

GENRE ALOUETTE DE MER. — ANCYLOCHEILUS, Kaup.

303. ALOUETTE DE MER COCORLI. — ANCYLOCHEILUS SUBARQUATUS.

> Ancylocheilus subarquatus, Ch. BONAP., *Tabl. des Échass., Compt. rend.*
> *de l'Acad. des Sciences* (1856), t. XLIII, sp. 213.
> Scolopax Africana et subarquata, GMEL., *Syst. nat.* (1788), t. I, p. 655 et
> 658.
> L'Alouette de mer, BUFF., pl. enlum. 851.

· · Lac Fetzara. Donnés par le capitaine Loche.

Habitat. De passage en Algérie.

GENRE PÉLIDNA. — PELIDNA, Cuv.

304. PÉLIDNA CINCLE. — PELIDNA CINCLUS.

> Pelidna cinclus, Ch. BONAP., *Birds* (1838), p. 50, et *Tabl. des Échass.*
> (1856), sp. 214.
> Tringa Alpina, LINN., *Syst. nat.*, 12ᵉ édit. (1766), t. I, p. 249.
> Tringa variabilis, MEY. et WOLF., *Tasch. der Deuts.* (1810), t. II, p 397.

♂. hiver. Massafran. Donné par le capitaine Loche.

Habitat. De passage en Algérie.

4. Schinzi. — Pelidna Schinzi.

> Pelidna Schinzi, Ch. BONAP., *Birds* (1838), p. 50, et *Tabl. des Échass.*
> 1856, sp. 214. V. a.
> Tringa Schinzi, TEMM., *Man.*, 4ᵉ part. (1840), p. 401.

♀ Harrach. Donné par le capitaine Loche.

Habitat. De passage accidentel en Algérie.

GENRE ACTODROME. — ACTODROMUS, Kaup.

305. ACTODROME MINULE. — ACTODROMUS MINUTUS.

> Actodromus minutus, Ch. BONAP., *Tabl. des Échass., Compt. rend. de*
> *l'Acad. des Sciences* (1856), t. XLIII, sp. 217.
> Tringa minuta, LEISL.; TEMM., *Man.*, 2ᵉ édit. (1820), t. II, p 624.
> Tringa pusilla, MEY. et WOLF., *Tascher der Deuts.* (1810). t. II; VIEILL.,
> *Faune franç.*, p. 288.

⁂ Harrach. Donné par le capitaine Loche.

Habitat. De passage en Algérie.

306. ACTODROME TEMMIA. — ACTODROMA TEMMINCKII.

Actodroma Temminckii, Ch. Bonap., *Tabl. des Échass., Compt. rend. de l'Acad. des Sciences* (1856), t. XLIII, sp. 219.
Tringa Temminckii, Leisler; Temm., *Man.*, 2ᵉ édit. (1820), t. II, p. 622

⁂ Oued Harrach. Donné par le capitaine Loche.

Habitat. De passage en Algérie.

S. **Totaneæ.**

GENRE GLOTTIS. — GLOTTIS, Nils.

307. GLOTTIS ABOYEUR. — GLOTTIS CANESCENS.

Glottis canescens, Ch. Bonap., *Crit. sur Degl.* (1850), p. 187, sp. 387, et *Tabl. des Échass.* (1856), sp. 227.
Scolopax glottis, Linn., *Syst. nat.*, 12ᵉ édit. (1766), t. I, p. 244
Totanus glottis, Temm., *Man.*, 2ᵉ édit. (1820), t. II, p. 659.

⁂ Harrach. Donné par le capitaine Loche.

Habitat. Se rencontre accidentellement en Algérie.

GENRE CHEVALIER. — TOTANUS, Bechst.

308. CHEVALIER STAGNATILE. — TOTANUS STAGNATILIS.

Totanus stagnatilis, Bechst., *Nat. Deuts.* (1802), t. II, p. 187.
Scolopax totanus, Linn., *Syst. nat.*, 12ᵉ édit. (1766), t. I, p. 245.

⁂ Harrach. Donné par le capitaine Loche.

Habitat. De passage en Algérie.

GENRE ÉRYTHROSCÈLE. — ERYTHROSCELUS, Kaup

309. ÉRYTHROSCÈLE ARLEQUIN. — ERYTHROSCELUS FUSCUS.

Erythroscelus fuscus, Ch. Bonap., *Tabl. des Échass., Comptes rend. de l'Acad. des Sciences* (1856), t. XLIII, sp. 231.

Scolopax fusca, LINN., *Syst. nat.*, 12ᵉ édit. (1766), t. I, p. 243, et Tringa
   fusca, p. 252.
Totanus fuscus, MEY. et WOLF., *Tasch. der Deuts.* (1810), t. II, p. 336.

2 Harrach. Donné par le capitaine Loche.

Habitat. Se rencontre accidentellement en Algérie.

GENRE GAMBETTE. — GAMBETTA, Kaup.

310. GAMBETTE AUX PIEDS ROUGES. — GAMBETTA CALIDRIS

Gambetta calidris, CH. BONAP., *Tabl. des Échass., Compt. rend. de l'A-
   cad. des Sciences* (1856), t. XLIII, sp. 233.
Scolopax calidris, LINN., *Syst. nat.*, 12ᵉ édit. (1766), t. I, p. 245.
Tringa gambetta et striata, LINN., *lib. cit.*, p. 248; GMEL., *Syst. nat.* (1788),
   t. I, p. 664.
Le Chevalier aux pieds rouges ou la Gambette, BUFF., pl. enlum. 827 et 845.

2 ♂ Harrach. Donnés par le capitaine Loche.

Habitat. De passage en Algérie.

GENRE HÉLODROME. — HELODROMUS, Kaup.

311. HÉLODROME CUL-BLANC. — HELODROMUS OCHROPUS.

Helodromus ochropus, CH. BONAP., *Tabl. des Échass., Compt. rend. de
   l'Acad. des Sciences* (1856), t. XLIII, sp. 242.
Tringa ochropus, LINN., *Syst. nat.*, 12ᵉ édit. (1766), t. I, p. 250.
Totanus ochropus, TEMM., *Man.*, 2ᵉ édit. (1820), t. II, p. 651.
Le Bécasseau ou Cul-Blanc, BUFF., pl. enlum. 843?

1 Harrach. Donné par le capitaine Loche.

Habitat. De passage en Algérie.

GENRE RHYNCHOPHILE. — RHYNCHOPHILUS, Kaup.

312. RHYNCHOPHILE SYLVAIN. — RHYNCHOPHILUS GLAREOLA.

Rhynchophilus glareola, CH. BONAP., *Tabl. des Échass., Compt. rend. de
   l'Acad. des Sciences* (1856), t. XLIII, sp. 244.
Tringa glareola, LINN., *Syst. nat.*, 12ᵉ édit. (1766), t. I, p. 251.
Totanus glareola, TEMM., *Man.*, 2ᵉ édit. (1820), t. II, p. 654.

· Lac Fetzara. Donné par le capitaine Loche.

Habitat. De passage en Algérie.

GENRE GUIGNETTE. — ACTITIS, Ill.

313. GUIGNETTE VULGAIRE. — ACTITIS HYPOLEUCOS.

Actitis hypoleucos, Cn. Bonap., *Birds* (1838), p. 51, et *Tabl. des Échass*
  (1856), sp. 250.
Tringa hypoleucos, Linn., *Syst. nat.*, 12ᵉ édit. (1766), t. I, p. 250.
La Guignette ou la petite Alouette de mer, Buff., pl. enlum. 850.

· Harrach. Donné par le capitaine Loche.

Habitat. De passage en Algérie.

T. Limoseæ.

GENRE BARGE. — LIMOSA, Briss.

314. BARGE COMMUNE. — LIMOSA ÆGOCEPHALA.

Limosa ægocephala, Cn. Bonap., *Cat. des Ois. d'Eur.* (1842), et *Tabl. des*
  Échass. (1856), sp. 258.
Scolopax ægocephala, Linn., *Syst. nat.*, 12ᵉ édit. (1766), t. I, p. 246.
Scolopax Belgica et ægocephala, Gmel., *Syst. nat.* (1788), t. I, p. 663 et 667.
Limosa melanura, Temm., *Man.*, 2ᵉ édit. (1820), t. II, p. 664.
La Barge commune, Buff., pl. enlum. 916.

♂ Maison-Carrée. Donné par le capitaine Loche.

Habitat. De passage en Algérie.

315. BARGE ROUSSE. — LIMOSA LAPPONICA.

Limosa Lapponica, Cn. Bonap., *Tabl. des Échass., Compt. rend. de l'Acad.*
  des Sciences (1856), t. XLIII, sp. 259.
Scolopax lapponica, Linn., *Syst. nat.*, 12ᵉ édit. (1766), t. I, p. 246.
Limosa rufa, Briss., *Ornith.*, t. V, p. 281 ; — Temm., *Man.*, 2ᵉ édit, t. II,
  p. 668.
La Barge rousse, Buff., pl. enlum. 900.

· Harrach. Donné par le capitaine Loche

Habitat. De passage en Algérie

U. Numenieæ.

GENRE COURLIS. — NUMENIUS, Lath.

316. COURLIS CENDRÉ. — NUMENIUS ARQUATA.

Numenius arquata, LINN., *Syst. nat.*, 1ʳᵉ édit. (1735), t. I, p 64.
Le Courlis, BUFF., pl. enlum. 818.

Harrach. Donné par le capitaine Loche.

Habitat. Les provinces d'Alger et de Constantine.

317. COURLIS CORLIEU. — NUMENIUS PHÆOPUS.

Numenius phæopus, LATH., *Ind. Ornith.* (1790), t. II, p. 711.
Scolopax phæopus, LINN., *Syst. nat.*, 12ᵉ édit. (1766), t. I, p. 243.
Le Corlieu ou petit Courlis, BUFF., pl. enlum. 842.

var. Harrach. Donnés par le capitaine Loche.

Habitat. Les trois provinces de l'Algérie.

318. COURLIS A BEC GRÊLE. — NUMENIUS TENUIROSTRIS.

Numenius tenuirostris, VIEILL., *Dict. d'Hist. nat.* (1817), t. VIII, p. 209.

Harrach. Donné par le capitaine Loche.

Habitat. Le sud de l'Algérie. De passage dans la province d'Alger.

TRIBU DES ALECTORIDES. — ALECTORIDES.

FAMILLE DES RALLIDES. — RALLIDÆ.

SOUS-FAMILLE DES RALLINÉS. — RALLINÆ.

Y. Ralleæ.

GENRE RALE. — RALLUS, Linn.

319. RALE D'EAU. — RALLUS AQUATICUS.

Rallus aquaticus, LINN., *Syst. nat.*, 1ʳᵉ édit. (1766), t. I, p. 262.
Le Rale d'eau, BUFF., pl. enlum. 749.

à Chélif. Donné par le capitaine Loche.

Habitat. Les trois provinces de l'Algérie.

GENRE PORZANE. — PORZANA, Vieill.

320. PORZANE MAROUETTE. — PORZANA MARUETTA

Porzana maruetta, Cʜ. Boɴᴀᴘ., *Tabl. des Échass.*, *Compt. rend. de l'Acad. des Sciences* (1856), t. XLIII, sp. 353.
Rallus porzana, Lɪɴɴ., *Syst. nat.*, 12ᵉ édit. (1766), t. I, p. 262.
La Marouette, Bᴜғғ., pl. enlum. 751.

Massafran. Donné par le capitaine Loche.

Habitat. Les trois provinces de l'Algérie.

GENRE ZAPORNIE. — ZAPORNIA, Leach.

321. ZAPORNIE BAILLON. — ZAPORNIA PYGMÆA.

Zapornia pygmæa, Cʜ. Boɴᴀᴘ., *Tabl. des Échass.*, *Compt. rend. de l'Acad. des Sciences* (1856), t. XLIII, sp. 361.
Rallus Baillonii, Vɪᴇɪʟʟ., *Dict. d'Hist. nat.* (1819), t. XXVIII, p. 548, et *Faune fr.*, p. 233.
Gallinula pygmæa, Sᴄʜɪɴᴢ., *Eur. Faun.* (1840), t. I, p. 349.

Lac Halloula. Donné par le capitaine Loche.

Habitat. Les trois provinces de l'Algérie.

322. ZAPORNIE MINULE. — ZAPORNIA MINUTA.

Zapornia minuta, Cʜ. Boɴᴀᴘ., *Tabl. des Echass.*, *Compt. rend. de l'Acad. des Sciences* (1856), t. XLIII, sp. 362.
Rallus pusillus, Gᴍᴇʟ., *Syst. nat.* (1788), t. I, p. 719.
Gallinula pusilla, Mᴇʏ. et Wᴏʟғ., *Tasch. der Deuts.* (1810), t. II, p. 414.

Lac Fetzara. Donné par le capitaine Loche

Habitat. Les trois provinces de l'Algérie

GENRE CREX. — CREX, Bechst.

323 CREX DE GENÊT. — CREX PRATENSIS.

Crex pratensis, BECHST.; MEY. et WOLF., *Tasch. der Deuts.* (1810), t. II,
  p. 408.
Rallus crex, LINN., *Syst. nat.* 12e édit. (1766), t. I, p. 261.
Le Râle de terre ou de genêt, vulgairement Roi des Cailles, BUFF., pl. enlum. 750.

été, hiver. Donnés par le capitaine Loche.

Habitat. Toute l'Algérie.

Z. Porphyrioneæ.

GENRE PORPHYRION. — PORPHYRIO, Briss

324. PORPHYRION TALÈVE — PORPHYRIO VETERUM.

Porphyrio veterum, GMEL.; CH. BONAP., *Crit. sur Degl.* (1850), p. 177.
  sp. 323, et *Tabl. des Echass.* (1856), sp. 383.
Porphyrio hyacinthinus, TEMM., *Man*, 2e édit. (1820), t. II, p. 156.
Le Talève de Madagascar, BUFF., pl. enlum. 810, et la Poule sultane ou
  Porphyrion.

Lac Halloula. Donné par le capitaine Loche.

Habitat. Les grands lacs de l'Algérie.

1. Gallinuleæ.

GENRE POULE D'EAU. — GALLINULA, Briss.

325. POULE D'EAU ORDINAIRE. — GALLINULA CHLOROPUS

Gallinula chloropus, fusca, maculata, flavipes et fistulans, LATH., *Ind.
  Ornith.* (1790), p. 770, 771 et 772.
Fulica chloropus, LINN., *Syst. nat.*, 12e édit. (1766), t. I, p. 258.
La Poule d'eau, BUFF., pl. enlum. 877.

Lac Halloula. Donné par le capitaine Loche.

Habitat. Toute l'Algérie

A. B. **Foliceæ.**

GENRE LUPHA. — LUPHA, Reich.

326. LUPHA CARONCULÉE. — LUPHA CRISTATA.

Lupha cristata, Ch. Bonap., *Tabl. des Échass.*, *Compt. rend. de l'Acad. des Sciences* (1856), t. XLIII, sp. 414.
O Fulica cristata, Gmel., *Syst. nat.*, 12ᵉ édit. (1788), t. I, p. 704.
La Foulque de Madagascar, Buff., pl. enlum. 797.

Ghorra — غُرَّة.

· Lac Halloula. Donné par le capitaine Loche.

· Variété albine. Lac Halloula. Donné par M. Durantet.

Habitat. Les grands lacs de l'Algérie.

GENRE FOULQUE. — FULICA, Linn.

327. FOULQUE MACROULE. — FULICA ATRA.

Fulica atra et aterrima, Linn., *Syst. nat.*, 12ᵉ édit. (1766), t. I, p. 257.
O La Foulque ou Morelle, Buff., pl. enlum. 197.

Ghorra — غُرَّة.

· Lac Halloula. Donné par le capitaine Loche.

Habitat. Les grands lacs de l'Algérie.

ORDRE DES ANSÉRÉS.   ANSERES (Natatores).

FAMILLE DES CYGNIDES. — CYGNIDÆ.

SOUS-FAMILLE DES CYGNINÉS. — CYGNINÆ.

GENRE CYGNE. — CYGNUS, Linn.

328. CYGNE TUBERCULÉ. — CYGNUS OLOR.

Cygnus olor, Vieill., *Dict. d'Hist. nat.*, 1817, t. IX, p. 3.

Anas cygnus (mansuetus), LINN., *Syst. nat.*, 12ᵉ edit. (1766, t. I, p. 194.
Anas olor, GMEL., *Syst. nat.* (1788), t. I, p. 501.
Cygnus gibus, BECHST., d'après MEYER et WOLF., *Tasch. der Deuts.* (1810),
    t. II, p. 501.
Le Cygne, BUFF., pl. enlum. 113.

Lac Halloula. Donné par le maréchal Randon, gouverneur
général de l'Algérie.

Habitat. Les grands lacs de l'Algérie.

GENRE OLOR. — OLOR, Wagl.

329. OLOR SAUVAGE. — OLOR CYGNUS.

Olor cygnus, CH. BONAP., *Tabl. des Ansères, Compt. rend. de l'Acad. des
    Sciences* (1856), t. XLIII, sp. 3.
Anas cygnus ferus, LINN., *Syst. nat.*, 12ᵉ edit. (1766, t. I, p. 194.
Cygnus ferus, BRISS., *Ornith.*, t. VI, p. 292.
Anas cygnus, GMEL., *Syst. nat.* (1788), t. I, p. 501.
Cygnus melanorhynchus, MEY. et WOLF., *Tasch. der Deuts.* (1810), t. II,
    p. 498.
Cygnus musicus, TEMM., *Man.*, 4ᵉ part. (1840), p. 398.
Le Cygne sauvage, BUFF.

Habitat. Les grands lacs de l'Algérie.

FAMILLE DES ANSÉRIDÉS. — ANSERIDÆ.

SOUS-FAMILLE DES ANSÉRINÉS. — ANSERINÆ.

GENRE OIE. — ANSER, Briss.

330. OIE SAUVAGE. — ANSER SEGETUM.

Anser segetum, MEY. et WOLF., *Tasch. der Deuts.* (1810), t. II, p. 501.
Anser sylvestris, BRISS., *Ornith.* (1760, t. VI, p. 265.
Anas segetum, GMEL., *Syst. nat.* (1788, t. I, p. 512.
L'Oie sauvage, BUFF., pl. enlum. 985.

Ouza. — [illegible]

Habitat. De passage en Algérie.

331. OIE CENDRÉE. — ANSER CINEREUS.

Anser cinereus, Mey. et Wolf., *Tasch. der Deuts.* (1810), t. II, p. 552.
Anas anser ferus, Linn., *Syst. nat.*, 12ᵉ édit. (1766), t. I, p. 197.
Anser ferus, Temm., *Man.*, 4ᵉ part. (1840), p. 517.

Ouza — وزة.

Rovigo. Donné par le capitaine Loche.

Habitat.

GENRE BERNACHE. — BERNICLA, Aldrov.

332. BERNACHE VULGAIRE. — BERNICLA LEUCOPSIS.

Bernicla leucopsis, Ch. Bonap., *Tabl. des Ansérés. Compt. rend. de l'Acad.
des Sciences* (1856), t. XLIII, sp. 31.
Anas erythropus, Linn., *Syst. nat.*, 12ᵉ édit. (1766), t. I, p. 197.
Anser leucopsis, Bechst., d'après Mey. et Wolf., *Tasch. der Deuts.* (1810),
t. II, p. 557.
La Bernache, Buff., pl. enlum. 855.

Habitat. De passage accidentel en Algérie.

333. BERNACHE CRAVANT. — BERNICLA BRENTA.

Bernicla brenta, Ch. Bonap., *Birds* (1838), p. 56. et *Tabl. des Ansérés*
(1856), sp. 33.
Anas bernicla, Linn., *Syst. nat.*, 12ᵉ édit. (1766), t. I, p. 198.
Anser torquatus, Mey. et Wolf., *Tasch. der Deuts.* (1810), t. II, p. 558.
Anser bernicla, Temm., *Man.*, 4ᵉ part. (1840), p. 522.
Le Cravant, Buff., pl. enlum. 342.

Habitat. De passage accidentel en Algérie.

FAMILLE DES PLECTROPTÉRIDES. — PLECTROPTERIDÆ

SOUS-FAMILLE DES TADORNINÉS. — TADORNINÆ.

GENRE CHENALOPEX. — CHENALOPEX, Steph.

334. CHENALOPEX D'ÉGYPTE. — CHENALOPEX ÆGYPTIACA.

Chenalopex ægyptiaca, Ch. Bonap., *Birds* (1838), p. 56. et *Tabl. des Ansérés* (1856), sp. 43.

Anas Egyptiaca, LINN., *Syst. nat.*, 12° édit. (1766), t. I. p. 197.
Anser varius, SEBA, MEY. et WOLF., *Tasch. der Deuts.* (1810, t. II. p. 562.
BUFF., pl. enlum. 379, 982 et 983.

Habitat. De passage en Algérie.

GENRE CASARCA. — CASARCA, Ch. Bonap.

335. CASARCA RUTILANT. — CASARCA RUTILA.

Casarca rutila, CH. BONAP., *Birds* 1838, p. 56, et *Tabl. des Anseres* (1856, sp. 16.
Anas casarca, LINN., *Syst. nat.*, 12° édit. (1766), t. III, Append., p. 224.
Anas rutila, PALLAS, d'après Gmel., *Syst. nat.* 1788, t. I. p. 511.

Boghar. Donné par le capitaine Loche.

Habitat. Les trois provinces de l'Algérie.

GENRE TADORNE. — TADORNA, Leach.

336. TADORNE COMMUN. — TADORNA BELLONI.

Tadorna Belloni, CH. BONAP., *Tabl. des Anseres*, *Compt. rend. de l'Acad. des Sciences* 1856, t. XLIII, sp. 52.
Anas tadorna, LINN., *Syst. nat.*, 12° édit. (1766), t. I. p. 195.
Le Tadorne, BUFF., pl. enlum. 53.

Lac Halloula. Donné par le capitaine Loche.

Habitat. De passage en Algérie.

SOUS-FAMILLE DES ANATINES. — ANATINÆ.

GENRE CANARD (1). — ANAS, Linn.

337. CANARD SAUVAGE. — ANAS BOSCHAS.

Anas boschas, LINN., *Syst. nat.*, 12e édit. (1766), t. I. p. 205.
Le Canard sauvage, BUFF., pl. enlum. 776.

Zergue Erras

(1) Les indigènes comprennent sous la dénomination de Zergue Erras ... tous les canards qui se trouvent en Algérie.

Oued Harrach. Donné par le capitaine Loche.

Habitat. Toute l'Algérie.

GENRE CHIPEAU. — CHAULELASMUS, Gray.

338. CHIPEAU RIDENNE. — CHAULELASMUS STREPERUS.

Chaulelasmus streperus, G. R. GRAY, d'apr. Ch. Bonap., *Birds* (1838), p. 56
et *Tabl. des Ansérés* (1856), sp. 80.
Anas strepera, LINN., *Syst. nat.*, 12ᵉ édit. (1766), t. I, p. 200.
Le Chipeau ou Ridenne, BUFFON, pl. enlum. 958.

Lac Halloula. Donné par le capitaine Loche.

Habitat. Les grands lacs de l'Algérie.

GENRE SOUCHET. — RHYNCHASPIS, Leach.

339. SOUCHET COMMUN. — RHYNCHASPIS CLYPEATA.

Rhynchaspis clypeata, CH. BONAP., *Birds* (1838), p. 57, et *Tabl. des Ansé-
rés* (1856), sp. 82.
Anas clypeata, LINN., *Syst. nat.*, 12ᵉ édit. (1766), t. I, p. 200.
Le Souchet, BUFF., pl. enlum. 971 et 972.

Lac Halloula. Donné par le capitaine Loche.

Habitat. Les grands lacs de l'Algérie.

GENRE SARCELLE. — PTEROCYANEA, Ch. Bonap.

340. SARCELLE D'ÉTÉ. — PTEROCYANEA CIRCIA.

Pterocyanea circia, CH. BONAP., *Crit. sur Degl.* (1850), p. 194, sp. 435.
Anas querquedula et circia, LINN., *Syst. nat.*, 12ᵉ édit. (1766), t. I, p. 203
et 204.
La Sarcelle commune, BUFF., pl. enlum. 946.

Lac Halloula. Donné par le capitaine Loche.

Habitat. Les trois provinces de l'Algérie.

GENRE SARCELLINE. — QUERQUEDULA, Steph.

341. SARCELLINE D'HIVER. — QUERQUEDULA CRECCA.

Querquedula crecca, CH. BONAP., *Birds* (1838), p. 57, et *Tabl. des Ansères*
    (1856), sp. 94.
Anas crecca, LINN., *Syst. nat.*, 12ᵉ édit. (1766), t. I, p. 204.
La petite Sarcelle, BUFF., pl. enlum. 947.

Lac Halloula. Donné par le capitaine Loche.

Habitat. Les grands lacs de l'Algérie.

GENRE MARMARONETTE. — MARMARONETTA, Reich.

342 MARMARONETTE MARBRÉE. — MARMARONETTA ANGUSTIROSTRIS.

Marmaronetta angustirostris, CH. BONAP., *Compt. rend. de l'Acad. des
    Sciences* (1856), t. XLIII, *Tabl. des Ansères*, sp. 111
Anas marmorata, TEMM., *Man.*, 4ᵉ part. (1840), p. 554.
Anas angustirostris, MÉNÉT., d'ap. Schleg.; *Rev.* (1844), p. CXIII.

Lac Halloula. Donné par le capitaine Loche.

Habitat. Les grands lacs de l'Algérie.

GENRE PILET. — DAFILA, Leach.

343. PILET A LONGUE QUEUE. — DAFILA ACUTA.

Dafila acuta, CH. BONAP., *Birds* (1838), p. 56, et *Tabl. des Ansérés* (1856),
    sp. 112.
Anas acuta, LINN., *Syst. nat.*, 12ᵉ édit. (1766), t. I, p. 202.
Le Pilet ou Canard à longue queue, BUFF., pl. enlum. 954

Lac Halloula. Donné par le capitaine Loche.

Habitat. Les trois provinces de l'Algérie.

GENRE SIFFLEUR. — MARECA, Steph.

344. SIFFLEUR PÉNÉLOPE. — MARECA PENELOPE.

Mareca Penelope, CH. BONAP., *Birds* (1838), p. 56, et *Tabl. des Ansères*
    (1856), sp. 117.

O   Anas Penelope, LINN., *Syst. nat.*, 12ᵉ édit. (1766), t. 1, p. 202.
Le Canard siffleur et le Vingeon, BUFF., pl. enlum., 825.

· Lac Fetzara. Donné par le capitaine Loche.

Habitat. Les trois provinces de l'Algérie.

SOUS-FAMILLE DES FULIGULINÉS. — FULIGULINÆ.

GENRE DOUBLE MAQUEREUSE. — MELANETTA, Boie.

345. DOUBLE MAQUEREUSE BRUNE. — MELANETTA FUSCA.

Melanetta fusca, CH. BONAP., *Crit. sur Degl.* (1850), p. 196, sp 454, et
Tabl. des Ansérés (1856), sp. 129.
Anas fusca, LINN., *Syst. nat.*, 12ᵉ édit. (1766), t. 1, p. 196.
La double Macreuse, BUFF., pl. enlum. 956.

· Cherchell. Donné par le capitaine Loche.

Habitat. De passage accidentel en Algérie.

GENRE MAQUEREUSE. — OIDEMIA, Flemm.

346. MAQUEREUSE NOIRE. — OIDEMIA NIGRA.

Oidemia nigra, CH. BONAP., *Birds* (1838), p. 58, et *Tabl. des Ansérés*
(1856), sp. 131.
Anas nigra, LINN., *Syst. nat.*, 12ᵉ édit. (1766), t. 1, p. 196.
La Macreuse, BUFF., pl. enlum. 978.

· Cap Tenez. Donné par le capitaine Loche.

Habitat. De passage en Algérie.

GENRE FULIGULE. — FULIGULE, Steph.

347. FULIGULE MORILLON. — FULIGA CRISTATA.

Fuligala cristata, CH. BONAP., *Birds* 1838, p. 8, et *Tabl. des Ansérés*
(1856), sp. 133.
Anas fuligula, LINN., *Syst. nat.*, 12ᵉ édit. (1766), t. 1, p. 207.
Le Morillon, BUFF., pl. enlum. 1001.

Habitat. Les grands lacs de l'Algérie.

GENRE MILOUINAN. — **MARILA**, Reich.

348. MILOUINAN COMMUN. — MARILA FRENATA.

Marila frenata, Ch. Bonap., *Compt. rend. de l'Acad. des Sciences* (1856),
t. XLIII, *Tabl. des Anserés*, sp. 135.
Anas marila, Linn., *Syst. nat.*, 12ᵉ édit. (1766), t. I, p. 196.
Le Milouinan, Buff., pl. enlum. 1002.

Lac Halloula. Donné par le capitaine Loche.

Habitat. Les grands lacs de l'Algérie.

GENRE NYROCA. — **NYROCA**, Flemm.

349. NYROCA A IRIS BLANC. — NYROCA LEUCOPHTHALMA.

Nyroca leucophthalma, Ch. Bonap., *Birds* (1838), p. 58, et *Tabl. des Anserés* (1856), sp. 138.
Anas leucophthalmus, Berkhausen, d'apr. Mey. et Woll., *Tasch. der Deuts*
(1810), t. II, p. 526.
La Sarcelle d'Égypte, Buff., pl. enlum. 377 et 378.

Lac Fetzara. Donné par le capitaine Loche.

Habitat. Les trois provinces de l'Algérie.

GENRE MILOUIN. — **AYTHYA**, Boie

350. MILOUIN COMMUN. — AYTHYA FERINA.

Aythya ferina, Ch. Bonap., *Birds* 1838), p. 58, et *Tabl. des Anserés*
(1856), sp. 142.
Anas ferina, Linn., *Syst. nat.*, 12ᵉ édit. (1766), t. I, p. 203.
Le Milouin, Buff., pl. enlum. 803.

Lac Halloula. Donné par le capitaine Loche.

Habitat. Les grands lacs de l'Algérie.

GENRE CALLICHEN. — **CALLICHEN**, Boie.

351. CALLICHEN HUPPÉE. — CALLICHEN RUFINA.

Callichen rufina, Ch. Bonap., *Birds* (1838), p. 58, et *Tabl. des Anserés*
1856, sp. 144.

Anas rufina, PALLAS, *Voy.* 1776), t. VIII de l'édit. franç., in-8°, Append.,
p. 39

Le Siffleur huppé, BUFF., pl. enlum. 928

♀ Lac Halloula. Donné par le capitaine Loche.

Habitat. Les grands lacs de l'Algérie.

GENRE GARROT. — CLANGULA, Flemm.

352. GARROT ORDINAIRE. — CLANGULA GLAUCION

Clangula glaucion, Ch. BONAP., *Birds* (1838), p. 58, et *Tabl. des Ansères*
1856), sp. 146.

Anas clangula et Anas glaucion, LINN., *Syst. nat.*, 12ᵉ édit. (1766), t. I
p. 201.

Le Garrot, BUFF., pl. enlum. 302.

♀ Lac Halloula. Donné par le capitaine Loche.

Habitat. De passage en Algérie.

FAMILLE DES ÉRISMATURIDES. — ERISMATURIDÆ

SOUS-FAMILLE DES ÉRISMATURINES. — ERISMATURINÆ.

GENRE ÉRISMATURE. — ERISMATURA, Ch. Bonap.

353. ÉRISMATURE COURONNÉE. — ERISMATURA LEUCOCEPHALA

Erismatura leucocephala, Ch. BONAP., *Crit. sur Degl.* (1850), p. 196, sp. 456,
et *Tabl. des Ansères* (1856), sp. 157.

Anas mersa, PALLAS, *Voy.* 1776), t. VIII de l'édit. franç., in-8°, Append.
p. 40.

♂ et jeune âge. Lac Halloula. Donné par le capitaine Loche.

Habitat. Les grands lacs de l'Algérie.

FAMILLE DES MERGIDES. — MERGIDÆ.

SOUS-FAMILLE DES MERGINÉS. — MERGINÆ.

GENRE HARLE. — MERGANSER, Briss.

354. HARLE VULGAIRE. — MERGANSER CASTOR.

Merganser castor, Ch. Bonap., *Birds* (1838), p. 59, et *Tabl. des Ansérés*, sp. 166.
Mergus merganser, Linn., *Syst. nat.*, 12ᵉ édit. (1766), t. I, p. 208.
Le Harle, Buff., pl. enlum. 951.

Habitat. Les grands lacs de l'Algérie.

GENRE BIÈVRE. — MERGUS, Linn.

355. BIÈVRE HUPPÉ. — MERGUS SERRATOR.

Mergus serrator, Linn., *Syst. nat.*, 12ᵉ édit. (1788), t. I, p. 208.
Le Harle huppé, Buff., pl. enlum. 207.

♂ ♀ Lac Fetzara. Donnés par le capitaine Loche.

Habitat. De passage en Algérie.

GENRE MERGELLIE. — MERGELLUS, Ch. Bonap.

356. MERGELLIE PIETTE. — MERGELLUS ALBELLUS.

Mergellus albellus, Ch. Bonap., *Tabl. des Ansérés, Compt. rend. de l'Acad. des Sciences* (1856), t. XLIII, sp. 172.
Mergus albellus, Linn., *Syst. nat.*, 12ᵉ édit. (1766), t. I, p. 209, et Minutus, même page.
La Piette ou le petit Harle huppé, Buff., pl. enlum. 449 et 450.

♂ Lac Fetzara. Donné par le capitaine Loche.

Habitat. De passage en Algérie.

ORDRE DES STRUTHIONÉS. — STRUTHIONES.

FAMILLE DES STRUTHIONIDÉS. — STRUTHIONIDÆ.

SOUS-FAMILLE DES STRUTHIONINÉS. — STRUTHIONINÆ.

GENRE AUTRUCHE. — STRUTHIO, Linn.

357. AUTRUCHE ORDINAIRE. — STRUTHIO CAMELUS.

Struthio camelus, LINN., *Syst. nat.*, 12ᵉ édit. (1766), t. I, p. 723.

O   L'Autruche, BUFF., pl. enlum. 457.

♂ Sahara. Donné par le capitaine Loche.

Habitat. Le sud de l'Algérie.

LISTE SUPPLÉMENTAIRE

POUR LES OISEAUX

QUI NOUS ONT ÉTÉ SIGNALÉS COMME SE TROUVANT EN ALGÉRIE,
MAIS QUE NOUS N'Y AVONS PAS ENCORE RENCONTRÉS.

SOUS-CLASSE DES ALTRICÉS. — ALTRICES.

ORDRE DES RAPACES. — ACCIPITRES.

FAMILLE DES FALCONIDES. — FALCONIDÆ

SOUS-FAMILLE DES AQUILINÉS. — AQUILINÆ.

GENRE BALBUSARD. — PANDION, Savig.

1. PANDION HALIÆTUS, *A.* ALBICOLLIS, Ch. Bonap., ex Brehm

SOUS-FAMILLE DES BUTEONINÉS. — BUTEONINÆ.

GENRE BUSE. — BUTEO, Cuv.

2. BUTEO FEROX, Tienn.

Accipiter et Falco ferox, Gmel
Accipiter hypoleucus, Pall
Butaetus leucurus, Naumann

GENRE POLIORNIS.   POLIORNIS, Schleg.

3. POLIORNIS RUFIPENNIS, Ch. Bonap.

Buteo rufipennis, STRICKL.
Poliornis erythropterus, SCHLEG.
Poliornis pyrrhopterus, DUBUS.

SOUS-FAMILLE DES FALCONINÉS. — FALCONINÆ.

GENRE CHIQUERA. — CHIQUERA, Ch. Bonap.

4. CHIQUERA MACRODACTYLA, Ch. Bonap.

Falco macrodactylus, SWAINSON
Falco chiquera, DAUDIN.

GENRE CRESSERELLE. — TINNUNCULUS, Vieill.

5. TINNUNCULUS ALAUDARIUS. B. GUTTATUS, Ch. Bonap.

Falco guttatus, SWAINS
Falco rupicola? RUPP.

SOUS-FAMILLE DES ACCIPITRINÉS. — ACCIPITRINÆ.

GENRE MICRONISUS. — MICRONISUS.

6. MICRONISUS GABAR. J. NIGER, Ch. Bonap.

Sparvius niger, VIEILL.
Falco carbonarius. LICHT.

FAMILLE DES STRIGIDES. — STRIGIDÆ.

SOUS-FAMILLE DES STRIGINES. — STRIGINÆ.

GENRE EFFRAIE.   STRIX, Linn.

7. STRIX AFRICANA, Ch. Bonap.

ORDRE DES PASSEREAUX. — PASSERES.

TRIBU DES OSCINÉS. — OSCINES.

Section des Conirostrés. — Conirostres.

FAMILLE DES FRINGILLIDÉS. — FRINGILLIDÆ.

SOUS-FAMILLE DES PASSÉRINÉS. — PASSERINÆ.

GENRE MOINEAU. — PASSER, Briss.

8. PASSER RUFIPECTUS, Ch. Bonap.

9 PASSER ARBOREUS, Rupp. A. CASTANEUS, P. Wurt.

SOUS-FAMILLE DES FRINGILLINÉS. — FRINGILLINÆ.

GENRE VERDIER. — CHLOROSPIZA, Ch. Bonap.

10. CHLOROSPIZA AURENTHVENTRIS, Cab.

GENRE BOUVREUIL. — PYRRHULA, Briss.

11. PYRRHULA COCCINEA, A. RUBICILLA, Pall.

Section des Subulirostrés. — Subulirostres.

FAMILLE DES TURDIDÉS. — TURDIDÆ.

SOUS-FAMILLE DES SAXICOLINÉS. — SAXICOLINÆ.

GENRE MOTTEUX. — SAXICOLA. Bechst.

12. SAXICOLA LEUCOMELA, Pall.

Motacilla leucomela, Gura

GENRE ROUGE-QUEUE. — RUTICILLA, Brehm

13. RUTICILLA MESOMELLA, Ch. Bonap., ex Ehrenb.

Ruticilla marginella, Ch. Bonap.
Ruticilla Bonapartii, Von. Müll.

GENRE GORGE-BLEUE. — CYANECULA, Briss.

14. CYANECULA LEUCOCYANA, Brehm, jun.

GENRE PHILOMÈLE. — PHILOMELA, Bris.

15. PHILOMELA MAJOR, Brehm.

Sylvia Philomela, Bechst. et Auct.

SOUS-FAMILLE DES SYLVIINÉS. — SYLVIINÆ.

GENRE PYROPTHALME. — PYROPTHALMA, Ch. Bonap

16. PYROPTHALMA SARDA, Ch. Bonap.

Sylvia Sarda, La Marmora.

SOUS-FAMILLE DES CALAMOHERPINES. — CALAMOHERPINÆ.

GENRE ROUSSEROLLE. — CALAMOHERPE.

17. CALAMOHERPE BRACHYPTERA, Jaubert

GENRE LUSCINIOPSE. — LUSCINIOPSIS, Ch. Bonap

18. LUSCINIOPSIS FLUVIATILIS, Ch. Bonap

Sylvia fluviatilis, Mey. et Wolf
Locustella fluviatilis, Gould

GENRE CHLOROPÈTE. — CHLOROPETA, Smith

19. CHLOROPETA OLIVIFERUM, Ch. Bonap

Sylvia oliviterum, Strickl
Hypolais oliviterum, Gould

20. CHLOROPETA ELÆICA, Ch. Bonap.

Salicaria Elæica, LINDERMAYER.
Ficedula ambigua, SCHLEG.
Hypolais ambigua. Z. GERBE.

GENRE HYPOLAIS. — HYPOLAIS, Brehm.

21. HYPOLAIS VERDOTI, Jaubert?

FAMILLE DES MOTACILLIDES. — MOTACILLIDÆ.

SOUS-FAMILLE DES MOTACILLINÉS. MOTACILLINÆ.

GENRE HOCHE-QUEUE. — MOTACILLA, Linn.

22. MOTACILLA ALBA. *B.* ALGIRA, De Selys-Longchamps.

FAMILLE DES ALAUDIDES. — ALAUDIDÆ.

SOUS-FAMILLE DES ALAUDINÉS. — ALAUDINÆ.

A. Calandrelleæ.

GENRE OTOCORIS. — OTOCORIS, Ch. Bonap.

23. OTOCORIS ALPESTRIS, Ch. Bonap.

Alauda Alpestris, LINN.

B. Alaudeæ.

GENRE ANNOMANES — ANNOMANES, Cab.

24. ANNOMANES CINNAMOMEA, Ch. Bonap.

Melanocorypha ferruginea, BREHM (in)
Alauda Cordofanica, STRIK?
Galerita rufila, VON MULL.

Section des Dentirostrés. — Dentirostres.

FAMILLE DES LANIIDES. — LANIIDÆ.

SOUS-FAMILLE DES LANIINÉS. — LANIINÆ.

GENRE LEUCOMÉTOPON. — LEUCOMETOPON, Ch. Bonap.

25. LEUCOMETOPON NUBICUM, Ch. Bonap.

Lanius Nubicus, Licht.
Lanius personnatus, Temm.
Lanius leucometopon, Von der Mühl.

FAMILLE DES MUSCICAPIDES. — MUSCICAPIDÆ.

SOUS-FAMILLE DES MUSCICAPINÉS. — MUSCICAPINÆ.

GENRE GOBE-MOUCHE — MUSCICAPA, Linn.

26. MUSCICAPA SPECULIGERA, de Selys-Longchamps.

Section des Fissirostrés. — Fissirostres.

FAMILLE DES HIRUNDINIDES. — HIRUNDINIDÆ.

SOUS-FAMILLE DES HIRUNDININES. — HIRUNDININÆ.

GENRE COTYLE. — COTYLE, Boie.

27. COTYLE OBSOLETA, Cab.

Cotyle rupestris, Boie.

TRIBU DES VOLUCRES. — VOLUCRES.

SÉRIE DES ZYGODACTYLES. — ZYGODACTYLES.

Section des Amphiboles. — Amphiboli.

FAMILLE DES CUCULIDES. — CUCULIDÆ.

SOUS-FAMILLE DES CUCULINES. — CUCULINÆ.

GENRE OXYLOPHUS. — OXYLOPHUS, Sw.

28. OXYLOPHUS PHAIOPTERUS, Ch. Bonap., ex Rupp.

Oxylophus Algirus, Malherbe.
Cuculus Abyssinicus, Math.

ORDRE DES PIGEONS. — COLUMBÆ (Gemitores).

TRIBU DES GYRANTÉS. — GYRANTES.

FAMILLE DES COLUMBIDÉS. — COLUMBIDÆ.

SOUS-FAMILLE DES COLUMBINÉS. — COLUMBINÆ.

II. Palumbeæ.

GENRE PALOMBE — PALUMBUS, Kaup.

29. PALUMBUS EXCELSUS, Ch. Bonap., ex Bonvy.

GENRE COLOMBE. — COLUMBA, Linn.

30. COLUMBA GYMNOCYCLA, Ge., ex Ch. Bonap.

Columba Senegalensis, Mus. Berol.
Columba unicolor ? Brehm.

31. COLUMBA TURRICOLA, Ch. Bonap.

ORDRE DES HÉRONS. — HERODIONES.

TRIBU DES CICONIÉS. — CICONIÆ.

FAMILLE DES ARDEIDÉS. — ARDEIDÆ.

SOUS-FAMILLE DES ARDÉINÉS. — ARDEINÆ.

GENRE HÉRON. — ARDEA, Linn.

32. ARDEA ATRICOLLIS, Wagl.

Ardea melanocephala, Childrens.

GENRE GARZETTE. — GARZETTA, Kaup.

33. GARZETTA EGRETTA, L. LINDERMAYERI, Brehm.

GENRE ARDEIRALLA. — ARDEIRALLA, C.

34. ARDEIRALLA GUTTURALIS, Ch. Bonap.

A dea gutturalis, Smith.
Ardea Sturmi, Wagl.

TRIBU DES HYGROBATES. — HYGROBATES.

FAMILLE DES TANTALIDES. — TANTALIDÆ.

SOUS-FAMILLE DES IBINES. — IBINÆ.

GENRE IBIS. — Savig.

35. IBIS RELIGIOSA, Savig.

ORDRE DES PÉLAGIENS. — GAVIÆ.

TRIBU DES TOTIPALMES. — TOTIPALMI.

FAMILLE DES PHALACROCORACIDES. — PHALACROCORACIDÆ.

SOUS-FAMILLE DES PHALACROCORACINES — PHALACROCORACINÆ.

GENRE CORMORAN. — PHALACROCORAX, Briss.

36. PHALACROCORAX CARBO. B. BRACHYRHYNCHUS, Licht.

TRIBU DES LONGIPENNES. — LONGIPENNES.

FAMILLE DES LARIDES. — LARIDÆ.

SOUS-FAMILLE DES STERNINES. — STERNINÆ.

GENRE GÉLOCHÉLIE. — GELOCHELIDON, Brehm.

37. GELOCHELIDON ANGLICA, Brehm.

Sterna Anglica, Montagu, Temm.
Sterna Aranea, Vieill.

ORDRE DES ÉCHASSIERS. — GRALLÆ.

TRIBU DES COUREURS. — CURSORES.

FAMILLE DES CHARADRIIDES. — CHARADRIIDÆ.

SOUS-FAMILLE DES CHARADRIINÉS. — CHARADRIINÆ.

GENRE PLUVIER. — PLUVIALIS.

38. PLUVIALIS LONGIPES, Ch. Bonap.

Charadrius longipes, TEMM.

F. Vanelleæ.

GENRE CHETTUSIE. — CHETTUSIA

39. CHETTUSIA LEUCURA, Ch. Bonap.

Vanellus Villotaei, AUDOUIN.
Vanellus leucurus, LICHT.

FAMILLE DES HÆMATOPODIDES. — HÆMATOPODIDÆ.

SOUS-FAMILLE DES HÆMATOPOPINES. — HÆMATOPOPINÆ.

GENRE HUITRIER — HÆMATOPUS, Linn.

40. HÆMATOPUS MOQUINI, Ch. Bonap.

Hæmatopus niger, MOQUIN, nec auct.
Hæmatopus unicolor, LICHT. nec WAGL.

TRIBU DES ALECTORIDES. — ALECTORIDÆ.

FAMILLE DES RALLIDES. — RALLIDÆ.

SOUS-FAMILLE DES RALLINÉS. — RALLINÆ.

GENRE PORPHYRION — PORPHYRIO, Briss.

41. PORPHYRIO CHLORONOTUS, Brehm. jun.

Porphyrio Ægyptiacus, HEUGLIN.

ORDRE DES ANSÉRÉS. — ANSERES.

FAMILLE DES ANSÉRIDES. — ANSERIDÆ.

SOUS-FAMILLE DES ANSÉRINÉS. — ANSERINÆ.

GENRE BERNACHE. — BERNICLA, Aldrov.

1°. BERNICLA RUFICOLLIS, Ch. Bonap.

Anas ruficollis, PALLAS, d'apr. Gmel

Paris. — Typographie de Firmin Didot frères, fils et Cⁱᵉ, rue Jacob, 56.